PETER BAPTIST

PYTHAGORAS

und kein Ende?

Ernst Klett Schulbuchverlag Leipzig
Leipzig Stuttgart Düsseldorf

Bildquellenverzeichnis

Archiv für Kunst und Geschichte, Berlin 11; 16.1; 16.3; 22.2; 22.4; 51; 54; 67; 87.2 (Lessing); 89.1; 90 – Jost Benedum, Gießen 133 – Bildarchiv Preussischer Kulturbesitz, Berlin 12.1; 12.2; 16.2; 38; 40; 53.1; 57.1; 57.2; 60.1; 63; 66; 69.2; 73; 74; 87.1; 91; 92; 110; 113; 130.2 – aus: An Introduction to the History of Mathematics, © 1983 by CBS College Publishing, Philadelphia, USA 9.2 – Corbis-Bettmann, New York, USA 22.1; 104 – Deutsches Museum, München U 1; 21.2; 22.3; 23.1; 53.2; 69.3; 81; 82; 89.2; 130.1; 130.3; 146; 148 – aus: Luciano De Crescenzo Geschichte der griechischen Philosophie. Die Vorsokratiker © 1985 by Diogenes Verlag AG, CH-Zürich 71 – aus: Haller, R.: Algebra, Ehrenwirth Verlag, München 140 (Band 2); 15 (Band 3); 141 (Band 7); 143 (Band 7) – Smith, D. E.: History of Mathematics, 2 Bände. Ginn and Company, Boston – New-York – Baltimore 1923 108 – Frontispiz der Euklid-Ausgabe von David Gregory, GB-Oxford 1703 8 – M. Houvet, F-Chartres 23.2 – Lommis, E. S.: The Pythagorean Proposition © 1968 by The National Council of Teachers of Mathematics, Inc. Washington, USA 46.2 – Carroll, L.: Alice's Adventures in Wonderland & Through the Looking-Glass © 1960 by The New American Library Of The World Literature, Inc. New York, USA 121 – Niedersächsische Staats- und Universitätsbibliothek Göttingen, Handschriftenabteilung 13 – Justus Perthes Verlag Gotha GmbH, Gotha U 1 (Willi Stegner) – Photo Tenis Editions, GR-Samos 31; 36 – Rolf Poss, Siegsdorf 6; 9.1; 21.1; 69.1 – Anne Reimann, Dresden 142 – Alfred Ritter GmbH & Co. KG, Waldenbuch 26.3 – RMN - M. Bellot/C. Jean, F-Paris 60.2 – Jens-Friedrich Schacht, Holzgerlingen 116 – Stadtarchiv Ulm/ Donau 147 – nach einer Miniatur aus einem Manuskript der römischen Agrimensoren (Landvermesser) 10

Nicht in allen Fällen war es uns möglich, den uns bekannten Rechteinhaber ausfindig zu machen. Berechtigte Ansprüche werden selbstverständlich im Rahmen der üblichen Vereinbarungen abgegolten.

Adresse des Autors: Prof. Dr. Peter Baptist, Lehrstuhl für Mathematik und ihre Didaktik, Universität Bayreuth, 95440 Bayreuth; E-mail: Peter.Baptist@uni-bayreuth.de

Gedruckt auf Papier aus chlorfrei gebleichtem Zellstoff, säurefrei.

1. Auflage A 1 6 5 4 3 | 2002 2001 2000

Alle Drucke dieser Auflage können im Unterricht nebeneinander benutzt werden, sie sind untereinander unverändert. Die letzte Zahl bezeichnet das Jahr des Druckes.

Internetadresse: http://www.klett.de

Layout und Satz: Ernst Klett Schulbuchverlag Leipzig GmbH, Leipzig
Druck: Druckhaus Götz, Ludwigsburg

ISBN 3-12-720040-4

Inhaltsverzeichnis

Vorwort

„Ich muss um Nachsicht bitten, falls es [gemeint ist hier das vorliegende Buch] etwa mehr oder weniger enthalten sollte, als dies richtig oder notwendig wäre; denn an alles zu denken und keine Fehler zu begehen ist eher göttliche als menschliche Eigenschaft und niemand ist frei von Fehlern und niemand sieht alles im voraus.“

(Leonardo von Pisa)

„Unter die größten Entdeckungen, auf die der menschliche Verstand in der neuesten Zeit gefallen ist, gehört meiner Meinung nach wohl die Kunst, Bücher zu beurteilen, ohne sie gelesen zu haben.“

(Georg Christoph Lichtenberg)

„Ob ich gleich weiß, dass sehr viele Rezensenten die Bücher nicht lesen die sie so musterhaft rezensieren, so sehe ich doch nicht ein was es schaden kann, wenn man das Buch lieset, dass man rezensieren soll.“

(Georg Christoph Lichtenberg)

Freunde eines traditionellen Vorwortes werden vielleicht erstaunt sein, denn sie finden hier lediglich drei Zitate und keine programmatischen Darlegungen oder beeindruckenden Zielsetzungen und dergleichen mehr. Falls Sie wegen des Fehlens derartiger Ausführungen enttäuscht sind, ein kleiner Hinweis: Am Ende dieses Buches befindet sich ein kurzer Abschnitt mit dem Titel *Ausblick.* Da es sich bei diesem Buch nicht um einen Kriminalroman handelt, können Sie ohne weiteres zuerst die letzten Seiten lesen, und trotzdem bleibt die Spannung erhalten. Einige der dort formulierten Überlegungen beleuchten die Mathematik von einer leider weniger bekannten, aber umso interessanteren Seite. Das Buch selbst hilft Ihnen – mehr oder weniger deutlich – diese Seite der Mathematik zu entdecken. Aber lassen Sie Ihre Gedanken beim *Ausblick* zunächst nicht zu weit schweifen und blättern Sie bitte zum Anfang des Buches zurück. Erfreuen Sie sich an den einzelnen Kapiteln und überdenken Sie anschließend im Sinne des *Ausblicks* das Gelesene.

Bayreuth, im Februar 1997 Peter Baptist

1

Streiflichter zum Thema ‚Pythagoras‘

Eine bewährte und beliebte Methode, um die Bedeutung einer Arbeit oder einer Thematik zu betonen, besteht darin, ein Zitat – möglichst von einer bekannten Persönlichkeit – an den Anfang der Ausführungen zu stellen. Dies klappt bei der hier gewählten Thematik ganz vorzüglich. Denn 1596 schrieb Johannes KEPLER (1571–1630) in seinem *Mysterium Cosmographicum*:

> „Die Geometrie birgt zwei große Schätze: der eine ist der Satz von Pythagoras, der andere ist die Teilung nach dem extremen und dem mittleren Verhältnis. Den ersteren können wir mit einem Scheffel Gold vergleichen, den zweiten dürfen wir ein kostbares Juwel nennen.“

Der Vergleich eines mathematischen Lehrsatzes mit einem Scheffel Gold zeigt, dass ein wirklich wertvolles Exemplar aus der Schatztruhe der geometrischen Ergebnisse ausgewählt wurde.

Oftmals bietet sich auch eine Anekdote an, die – vielleicht angereichert und geschmückt mit einem eindrucksvollen Bild – zu dem eigentlichen Thema hinführt. Über Schiffbrüchige an einer fremden Küste berichtet der römische Architekt und Baumeister VITRUV (ca. 84–ca. 14 v. Chr.); eine Abbildung aus dem 18. Jahrhundert illustriert das Geschehen:

Aristippus Philosophus Socraticus, naufragio cum ejectus ad Rhodiensium litus animadvertisset Geometrica schemata descripta, exclamavisse ad comites ita dicitur, Bene speremus, Hominum enim vestigia video.
Vitruv. Architect. lib. 6. Praef.

Menschen kämpfen verzweifelt auf einem untergehenden Schiff um ihr Leben, andere versuchen schwimmend das vermeintlich rettende Ufer zu erreichen. Einige haben das Land bereits erreicht, sie machen einen erschöpften Eindruck. Außerdem plagen sie Sorgen über ihr ungewisses Schicksal in einem unbekannten Land. Die drei Personen im Vordergrund haben geometrische Figuren im Sand entdeckt. Einer von ihnen fasst dadurch neuen Mut und beruhigt seine Gefährten mit den Worten: „Wir dürfen guter Hoffnung sein, denn ich sehe menschliche Spuren (Bene speremus, Hominum enim vestigia video).“

Geometrische Figuren als Zeichen der Hoffnung, dies ist ein idealer Einstieg in eine Thematik, die von einer bekannten Konfiguration handelt. Ebenso bekannt ist die Person, die mit dieser Konfiguration in Verbindung gebracht wird. Aber was wissen wir sonst über dieses Thema?

Pythagoras

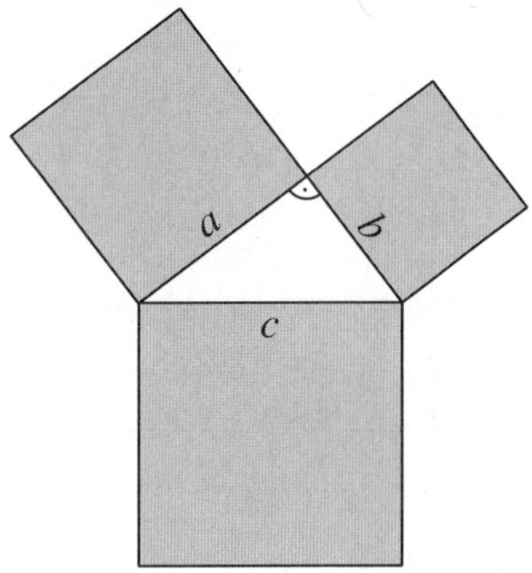

Pythagoras – Konfiguration

1.1 Am Anfang steht Euklid

Der Kupferstich über das Schiffsunglück führt uns direkt zu dem Buch der Bücher in der Mathematik: den *Elementen* des EUKLID. Dieses am häufigsten vervielfältigte bzw. gedruckte wissenschaftliche Werk überhaupt entstand um 300 v. Chr. in Alexandria und wird noch in unseren Tagen nachgedruckt. In einer Gesamtausgabe aller Schriften des Euklid, die 1703 David GREGORY (1661 – 1710) publizierte, finden wir die geschilderte Anekdote mit der zugehörigen Illustration.

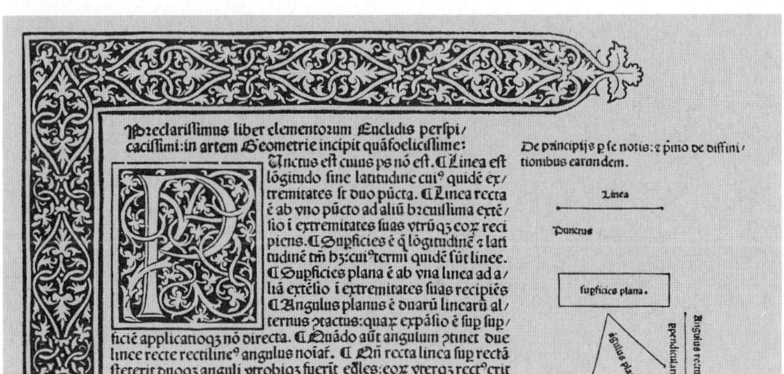

Preclarissimus liber elementorum Euclidis perspi/
cacissimi: in artem Geometrie incipit quã foelicissime:
Punctus est cuius ps nõ est. Linea est
lõgitudo sine latitudine cui⁹ quidẽ ex/
tremitates st duo pũcta. Linea recta
ẽ ab vno pũcto ad aliũ breuissima extẽ/
sio i extremitates suas vtrũqz eoꝝ reci
piens. Supficies ẽ q̃ lõgitudinẽ ꝛ lati
tudinẽ tm̃ hz: cui⁹ termi quidẽ sũt linee.
Supficies plana ẽ ab vna linea ad a/
liã extẽsio i extremitates suas recipiẽs
Angulus planus ẽ duarũ linearũ al/
ternus ꝯtactus: quaꝝ expãsio ẽ sup sup/
ficiẽ applicatioqz nõ directa. Quãdo aũt angulum ꝯtinet due
linee recte rectiline⁹ angulus noiat̃. Qñ recta linea sup rectã
steterit duoqz anguli vtrobiqz fuerĩt eq̃les: eoꝝ vterqz rect⁹ erit

De principijs p se notis: ꝛ pmo de diffini/
tionibus earundem.

Linea
Punctus
supficies plana.
Circulus
āgulus plan⁹
ppendicularis
Angulus rectus

Teil einer Seite der ersten gedruckten Ausgabe der Elemente, Venedig 1482

Die *Elemente* sind ein Sammelwerk, ein Kompendium der Grundlagen der Mathematik. Sie enthalten keineswegs – wie fälschlicherweise oft behauptet wird – die gesamte damals bekannte Mathematik. „Denn nicht, was man überhaupt anführen konnte, sondern was zur grundlegenden Einführung diente nahm er [= Euklid] auf“, schrieb der Neuplatoniker PROKLOS (ca. 410–485 n. Chr.) am Schluss seines berühmten Mathematikerverzeichnisses. Mit dem Wort *aufnehmen* kennzeichnet Proklos sehr treffend die Entstehung der *Elemente*. Ihr Inhalt stammt nämlich nicht von Euklid, er fasst lediglich aus zahlreichen Quellen die Ergebnisse der vor seiner Zeit lebenden griechischen Denker zusammen. Dennoch leistet er Großartiges, denn es gelingt ihm die vielen Teile sinnvoll miteinander zu verknüpfen, eine innere Ordnung herzustellen und ein einheitliches Ganzes zu schaffen. Dabei zeigt er ein außerordentliches didaktisches Geschick. Das so geordnete Wissen wurde bereits in der Antike als Grundlage für die weitere Forschung genutzt. Aus einzelnen Elementen sind die mathematischen Theorien in vergleichbarer Weise aufgebaut wie Wörter aus Buchstaben.

Die *Elemente* bestehen aus 13 Büchern (Kapiteln) mit insgesamt 465 Propositionen (Lehrsätzen). Zu ihrer großen Verbreitung trug entscheidend die von Euklid gewählte Methode der wissenschaftlichen Darstellung der Mathematik bei, und zwar eine Methode, die heute noch Gültigkeit besitzt. Euklid beginnt jeweils mit Voraussetzungen, die entweder allgemein anerkannt sind oder definiert oder schon bewiesen wurden und folgert daraus nach den Gesetzen der mathematischen Logik neue Sachverhalte. Dieser logische Aufbau nach euklidischem Muster wird zur „Lehrart der Mathematicorum“ schlechthin wie es der Leibnizschüler Christian von WOLFF (1679–1754) formulierte:

Euklid

> „Die Lehrart der Mathematicorum, das ist, die Ordnung, derer sie sich in ihrem Vortrage bedienen, fänget an von den Erklärungen, gehet fort zu den Grundsätzen, und hiervon weiter zu den Lehrsätzen und Auf-

gaben: überall aber werden Zusätze und Anmerkungen nach Gelegenheit angehänget... Um darum, weil in der Mathematick diese Lehrart auf das allergenaueste in acht genommen wird, ruehmet man von ihr, daß sie den Verstand des Menschen schärfe, das ist, geschickt mache, alle Dinge, die er erkennen lernet, tiefer und richtiger einzusehen, als ein anderer."

Christian v. Wolff

In der Geometrieausbildung haben also die Inhalte der ersten Bücher der *Elemente* des Euklid eine lange Tradition und somit auch die Proposition 47 in Buch I, nämlich der *Lehrsatz des Pythagoras*. Als Beleg nur zwei Beispiele: Der englische Scholastiker Roger Bacon (1214–1294) schildert in seinem *Opus tertium*, wie den Klosterschülern im 13. Jahrhundert die Propositionen der *Elemente* mit Rutenschlägen im wahrsten Sinne des Wortes eingebläut wurden.

Aus dem 18. Jahrhundert – also etwa 500 Jahre später – stammt folgendes Gutachten (vgl. [10]):

„Mademoiselle Dorothea Schlözer hat mir das Vergnügen gemacht von ihrem Fleiße in der Geometrie Proben zu geben. Sie hat mir den pythagoreischen Lehrsatz und desselben Beweis ordentlich und zusammenhängend vorgetragen, und von jedem der Sätze, die in diesen Schlüssen vorkommen, auf mein Befragen, Rechenschaft zu geben gewußt, warum er wahr sey,und wozu er im Ganzen diene. Einzuhelfen ist ihr dabey gar nicht nöthig gewesen ..."

Abraham G. Kästner

Ausgestellt hat dieses Gutachten am 8. August 1777 Abraham Gotthelf KÄSTNER (1719–1800), Professor für Mathematik an der Universität Göttingen. In dem Gutachten betont Kästner ausdrücklich, dass seine Schülerin „die Lehren nicht auswendig gelernt, sondern mit Verstand gefasst hatte", und dass sein Zeugnis „im Geringsten keine Galanterie gegen die Mademoiselle Schlözerinn seyn soll ...".

Gotthold E. Lessing

Kästners Arbeitsgebiet umfasste Grundlagenprobleme der Geometrie, inbesondere das Parallelenproblem. Außerdem war er Verfasser mehrerer zu seiner Zeit populärer Lehrbücher. Aber auch der schöngeistigen Literatur galt sein besonderes Interesse, wobei er sich insbesondere durch Johann Christoph GOTTSCHED (1700–1766) angesprochen fühlte. Zu seinen bekanntesten Schülern gehörte u. a. Gotthold Ephraim LESSING (1729–1781), der seinem Lehrer ganz enthusiastisch folgende Zeilen widmete:

> „Selten werden sich der Gelehrte und der Philosoph, noch seltener der Philosoph und der Meßkünstler, am allerseltensten der Meßkünstler und der schöne Geist so in einer Person beisammen finden."

Mit zunehmendem Alter verpasste Kästner allerdings den Anschluss an die Forschung, er konnte zudem die Leistungen der führenden Mathematikkollegen der zweiten Hälfte des 18. Jahrhunderts nicht mehr richtig einschätzen. Auch sein Alterswerk, eine vierbändige *Geschichte der Mathematik*, erfährt keine positive Bewertung. Daher verwundert es überhaupt nicht, dass sein Schüler Carl Friedrich GAUSS (1777–1855) ihn weder als Lehrer noch später als Kollegen akzeptierte. In einem Brief aus dem Jahr 1845 an seinen Freund, den Astronomen Heinrich Christian SCHUMACHER (1780–1850), schrieb Gauß:

„Ich habe übrigens diese Sammlung [= Gesamte Werke Kästners] mit Vergnügen gelesen. Neben manchem Unflätigen, Albernen und Gehaltlosen sind doch auch ganz vortreffliche Sachen darin. Kästner hatte einen ganz eminenten Mutterwitz, aber sonderbar genug, er hatte ihn sogar, wenn er über die Mathematik (im allgemeinen) sprach, aber er wurde ganz davon verlassen innerhalb der Mathematik. Es ließen sich davon die lächerlichsten Beispiele anführen."

Dass Schüler von ihren Lehrern Karikaturen anfertigen, ist nichts Besonderes. Wenn allerdings der Schüler Gauß heißt, dann wird man neugierig und betrachtet mit schmunzelndem Interesse die Zeichnung, die Kästner in voller Aktion als Lehrer zeigt. Der Figur im linken oberen Eck werden wir bald wieder begegnen. Sie zeigt die Pythagoraskonfiguration aus den *Elementen* des Euklid.

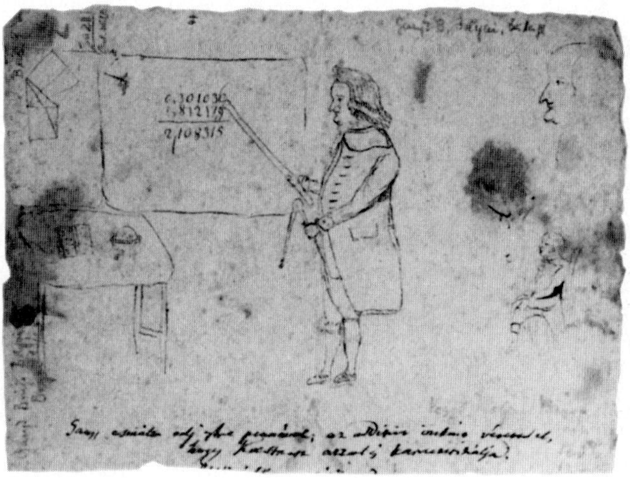

Gauß selbst ist sicherlich der einzige Mathematiker, mit dem praktisch alle Menschen in Deutschland oft Kontakt haben, auch wenn sie von seiner Bedeutung bzw. seinen herausragenden wissenschaftlichen Leistungen nichts wissen. Der Kontakt ist wahrlich ein sehr enger, denn wir berühren und betrachten Gauß, oder genauer gesagt sein Konterfei, jedesmal wenn wir einen 10-DM Schein in Händen halten.

1.2 Ein Blick in die Geldbörse

Bei dem Thema Geldschein bietet sich eine kurze Abschweifung von unserer eigentlichen Thematik an. Abbildungen von Mathematikern zieren nicht nur Banknoten in Deutschland, sondern auch in anderen Ländern, wie z. B. in der Schweiz, in Slowenien, in Großbritannien und in Norwegen.

Das Bildnis auf dem 10-DM-Schein stammt von A. JENSEN und ist um 1840 entstanden. Die Gauß-Kurve erinnert an seine mathematischen Leistungen, dahinter sind bedeutende Göttinger Gebäude zu sehen (u. a. Universität und Sternwarte). Auf der Rückseite der Banknote weisen ein Sextant auf geodätische Arbeiten und das Ortsnetz auf die Vermessung des Königreichs Hannover hin. Wesentliche Beiträge hat Gauß zur Erforschung des Elektromagnetismus geleistet. Daher deuten konzentrische Ringe ein Magnetfeld an. – Es lohnt sich also, den 10-DM-Schein einmal genauer zu betrachten.

Emanuel HANDMAN schuf im Jahre 1753 das Bildnis Leonhard EULERS (1707–1783) auf dem schweizerischen 10-Franken-Schein. Der Bildhintergrund zeigt unterschiedliche Eulerdiagramme. Links erkennt man zusätzlich eine Evolventenverzahnung. Diese reibungsarme Art des Abrollens von Zahnrädern geht auf Euler zurück. Abbildungen auf der Rückseite der Banknote erinnern an physikalische und astronomische Leistungen.

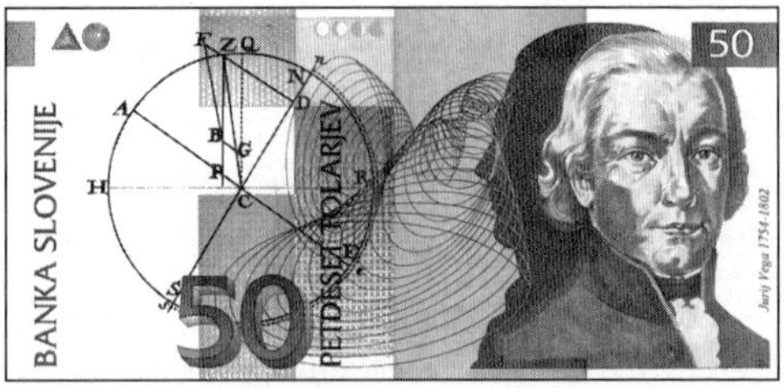

Slowenien ehrt Jurij (Georg Freiherr von) VEGA (1754–1802), einen Mathematiker und Artillerieoffizier, der u. a. in Wien lebte. Er ist Verfasser einer wiederholt aufgelegten Logarithmentafel und eines vierbändigen Werkes *Vorlesungen über die Mathematik.* Geometrische Konstruktionen sowie astronomische Motive (auf der Rückseite) befinden sich neben dem Bildnis Vegas auf dem Geldschein.

Es fällt auf, dass es sich hier immer um Geldscheine mit verhältnismäßig niedriger Notierung handelt. Die slowenische 50-Tolar-Note ist etwas irreführend, sie besitzt lediglich einen Wert von ca. 60 Pfennigen. Was ist der Grund für diese international übereinstimmende zurückhaltende Wertung der Mathematiker bei den Notenbanken? Will man ihnen keine hohen Beträge anvertrauen oder gelten Mathematiker als besonders sparsam?

Die britische 1-£-Note wurde übrigens durch eine Münze ersetzt, die nicht das Bildnis Newtons zeigt. Die Wertschätzung des einstmaligen Wardens of the Mint (Aufseher der Königlichen Münzanstalt) und späteren Masters of the Mint (vergleichbar mit einem heutigen Finanzminister) scheint bei der Bank of England gesunken zu sein, ganz im Gegensatz zu Newtons herausragender Wertschätzung in der Wissenschaft.

Eine Ausnahme bez. der „Wertigkeit“ bildet der in jungen Jahren an Tuberkulose verstorbene norwegische Mathematiker Niels Henrik Abel (1802 – 1829). Trotz herausragender Leistungen blieb ihm durch die Nachlässigkeit und die Arroganz von Mathematikern wie Cauchy und Gauß die gebührende Anerkennung versagt. Letzterer machte sich nicht einmal die Mühe Abels Untersuchung über die Unmöglichkeit der allgemeinen Auflösung der Gleichung 5. Grades zu lesen. Seinen Triumph konnte Abel nicht mehr erleben: Erst zwei Tage nach seinem Tod traf der Brief mit einem Ruf an die Universität Berlin ein. Norwegen ehrt Abel mit einem Porträt auf der 500-Kronen-Banknote. 500 Kronen entsprechen etwa 130 DM; damit hat er Gauß zumindest an (Geld-) Wert klar übertroffen.

Blicken wir in eine antike Geldbörse, dann sind wir wieder bei unserem Hauptthema.
In der thrakischen Stadt *Abdera* (östlich von Thessaloniki) wurden

um 430 v. Chr. Münzen geprägt, auf denen idealisierte Porträts des Pythagoras zu sehen sind. Die Abbildung zeigt die Rückseite zweier silberner Vier-Drachmen-Stücke. Jeweils links oben beginnt ein im Uhrzeigersinn umlaufender Schriftzug mit dem Namen „Pythagores", griechisch ΠΥΘΑΓΟΡΗΣ.

1.3 Die erste Frau Doktor

Doch zurück nach Göttingen und zu dem Mathematikprofessor Kästner. Die Schülerin, über die er das zitierte lobende Gutachten erstellte, war die zum damaligen Zeitpunkt siebenjährige (!) Dorothea von Schlözer (1770–1825). Bereits im Alter von 5 Jahren erhielt sie ihren ersten Mathematikunterricht bei Kästner. Für ihren Vater, den Geschichtsprofessor August Ludwig von Schlözer (1735–1809), war Dorothea – wenn man es böse ausdrücken möchte – eine Art „Versuchskaninchen". Er hatte sich zum Ziel gesetzt, mit seiner Tochter die Ansicht des Pädagogen Johannes Bernhard Basedow (1724–1790) zu widerlegen, dass das weibliche Geschlecht zu einer wissenschaftlichen Bildung nicht fähig sei.

August Ludwig von Schlözer

Dorothea von Schlözer Ölporträt von Gabriel Lemonnier

Kupferstich mit Silhouette Dorothea Schlözers von Johann P. Ganz

Mit 8 Jahren spielt Dorothea öffentlich in einem Konzert Klavier, mit 9 Jahren lernt sie Englisch, Französisch und Schwedisch, mit 10 Jahren erhält sie Privatvorlesungen in Mineralogie, mit 11 Jahren begleitet sie ihren Vater nach

Italien; sie lernt dort Italienisch, Latein und Spanisch und wird vom Papst empfangen.

Den Höhepunkt ihrer jungen Karriere erfährt Dorothea – oder sollte man besser sagen ihr Vater – als sie 17 Jahre alt ist. Die Philosophische Fakultät der Universität Göttingen verleiht ihr zum fünfzigjährigen Jubiläum der Universität aufgrund einer mündlichen Prüfung in Mathematik, Bergwerkswissenschaft, Baukunst und Geschichte (also ohne eine schriftliche Arbeit) den Doktortitel. Sie war damit der erste weibliche Doktor der Philosophie in Deutschland und die zweite Frau überhaupt, die diesen akademischen Grad erworben hat. An ihrer eigenen feierlichen Promotion kann sie, als unverheiratete Frau, nicht teilnehmen. Von einem Versteck aus muss sie durch ein winziges Fensterloch die Zeremonie beobachten (vgl. [10], [14]).

Erwähnen sollte man hier natürlich auch die erste Frau, die in Deutschland einen Doktortitel erhielt. Es war Dorothea Christine ERXLEBEN (1715–1762). Im Alter von 39 Jahren und als Mutter von vier Kindern promovierte sie an der Universität Halle in Medizin. Eines ihrer Kinder, der Sohn Johann Christian Polykarp ERXLEBEN (1744–1777), war Freund und Kollege des Göttinger Naturwissenschaftlers und äußerst vielseitig interessierten Professors Georg Christoph LICHTENBERG (1742–1799). Letzterer ist heute fast nur noch bekannt als Verfasser geistreicher Aphorismen, die er auch in seinen berühmten *Sudelbüchern* festhielt. Sein umfangreiches wissenschaftliches Werk ist dagegen nahezu vergessen, ebenso wie seine Urheberschaft für die Bezeichnungen positive und negative Elektrizität. Er besaß eine äußerst scharfe Beobachtungsgabe. Albert Einstein sagte über ihn: „Ich kenne keinen, der mit solcher Deutlichkeit das Gras wachsen hört.“

Neben seinen Beziehungen zu vielen Fachkollegen pflegte Lichtenberg auch Kontakte mit Johann Wolfgang von GOETHE (1749–1832) – insbesondere Diskussionen zur Farbenlehre – und mit Gotthold Ephraim LESSING (vgl. [19]). Einen besonders tiefen Eindruck machte Lichtenberg auf seinen Studenten Gauß, der über ihn in Hochachtung schreibt – im Gegensatz zu seinem bereits erwähnten Urteil über Kästner, seinem Lehrer in Mathematik.

Kästner als Lehrer, damit sind wir wieder bei Dorothea von Schlözer und somit beim Lehrsatz des Pythagoras. Diesen Lehrsatz konnte Dorothea „ordentlich vortragen“, wir kennen ihn ebenso. Aber was wissen wir von Pythagoras? Gab es ihn überhaupt oder ist er Fiktion?

1.4 Zur Person des Pythagoras

Aufgrund der Quellenlage können wir davon ausgehen, dass Pythagoras keine Phantasiegestalt ist, er also wirklich gelebt hat. Von seinen Zeitgenossen wurde er z. T. bewundert, aber auch entschieden abgelehnt. Um ihn selbst ranken sich Legenden in großer Zahl; dies belegt zumindest, dass er eine außergewöhnliche Persönlichkeit gewesen sein muss. Allerdings können nur wenige biographische Fakten als verhältnismäßig gut gesichert gelten. Umstritten sind u. a. sein Geburts- und sein Sterbejahr, seine Herkunft, die näheren Umstände seines Todes sowie der Verlauf der ihm zugeschriebenen Reisen in Länder des Ostens.

Aus den vorliegenden Pythagorasbiographien lässt sich folgender gemeinsamer Kern herausschälen: In der ersten Hälfte des 6. Jahrhunderts v. Chr. wuchs Pythagoras auf Samos auf, anschließend ging er auf Reisen (vermutlich nach Phönizien, Ägypten und Babylon), um dort Studien zu betreiben.

Bei seiner Rückkehr nach Samos regierte dort der Tyrann Polykrates, dessen Ring uns bestens aus Friedrich SCHILLERS (1759–1805) gleichnamigem Gedicht bekannt ist.

Dieser Polykrates, der seit 538 über Samos herrschte, war mehr Seeräuber als König. Mit seinen Schiffen überfiel er jeden, der sich der Küste seines Herrschaftsbereiches – zahlreichen ägäischen Inseln und kleinasiatischen Küstenstädten – näherte. In der Außenpolitik betrieb er eine ständig wechselnde egoistische Bündnispolitik, wie es sich eben für einen echten Charaktermenschen gehört. An seinem Hofe liebte er ein ausschweifendes Leben. Doch das Glück hatte er nicht auf Dauer gepachtet. Der persische Satrap OROITES lockte Polykrates im Jahr 522 in die Stadt Magnesia (am Mäander, nahe dem heutigen Söke) und ließ ihn dort hinrichten.

Ein so weitgereister und in fernen Ländern ausgebildeter Mann wie Pythagoras stand natürlich in hohem Ansehen und so wurde er geradezu zwangsläufig zum Lehrer des Sohnes des Tyrannen bestellt. An dem Luxus- und Lotterleben am königlichen Hof fand der Weltverbesserer und Moralist Pythagoras keinen Gefallen und er beschloss um das Jahr 530 nach Süditalien, dem damaligen Großgriechenland, auszuwandern. Die Insel Samos war wohl zu klein für zwei starke Persönlichkeiten und der Klügere gibt ja bekanntlich nach.

In Kroton bot ihm die Ältestenversammlung der Stadt an, die Jugend in Weisheit zu unterrichten. Pythagoras nutzte die ihm gebotene Chance. Er gründete eine Schule bzw. eine Art Bruderschaft – die Bezeichnung Sekte wäre sicherlich auch zutreffend –, deren Mitglieder nach strengen Regeln lebten und natürlich dem Meister selbst huldigten. Die Besonderheit der Pythagoreer im Unterschied zu anderen Sekten war, dass die Mathematik einen wesentlichen Bestandteil ihrer Heilslehre bildete. Gott hat den Kosmos nach Zahlen geordnet, lehrten sie. „Alles ist Zahl“ lautete ihr Credo, wobei sie unter Zahl das Verhältnis natürlicher Zahlen verstanden. Als Erkennungszeichen ihrer Sekte wählten sie fatalerweise das Pentagramm. Fatal deshalb, weil gerade an dieser Figur später die Irrationalität entdeckt und damit die Grundlage ihrer Weltanschauung zerstört wurde.

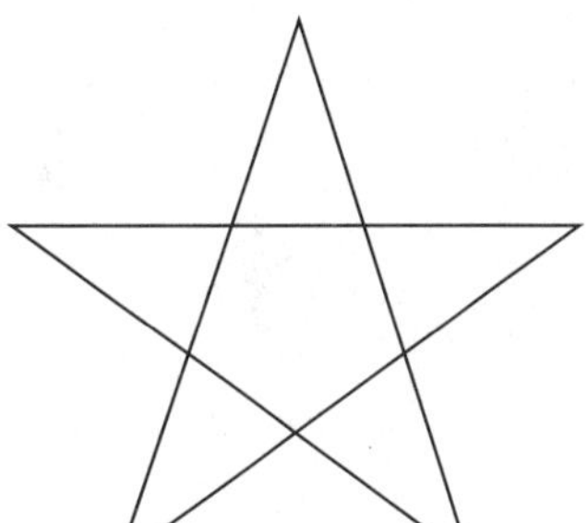

Pentagramm, das Erkennungszeichen der Pythagoreer

Im Laufe der Zeit erlangte die konservativ-aristokratisch ausgerichtete Bruderschaft großen politischen Einfluss. Pythagoras erwies sich als eine schillernde Persönlichkeit: Philosoph, Heiliger, Tyrann, Prophet, Mathematiker, Scharlatan. Von all dem hatte er etwas in sich. Kein Tyrann – auch wenn er Pythagoras heißt – hält sich auf Dauer (eine beruhigende Feststellung, aber manchmal wird die Geduld sehr strapaziert), und so bildete sich in demokratischen Kreisen Krotons allmählich Widerstand gegen die Geheimbündelei und die dogmatische Form seiner Lehre. Die Pythagoras-Gegner gingen nicht gerade auf die feine Art vor. Sie zündeten das Hauptquartier der Bruderschaft an, nur wenigen Pythagoreern gelang die Flucht. Der Meister selbst konnte nach Metapont entkommen. Aber ohne Anhängerschaft wollte er nicht weiterleben. Durch Verweigerung jeglicher Nahrungsaufnahme setzte er seinem Leben selbst ein Ende. Die Angaben seines Lebensalters schwanken beträchtlich, je nach Quelle variieren sie von 75 Jahren aufwärts bis zu 117 (!).

Soweit die Biographie des Pythagoras im Stenogrammstil. Ganz vergessen ist der Name Pythagoras auch heutzutage in Kroton nicht. Die Hafenstadt mit ca. 60 000 Einwohnern heißt jetzt Crotone und ist von Betrieben der chemischen Industrie umgeben. Außerdem residiert dort ein katholischer Bischof. Rechts am Dom aus dem 16. Jahrhundert vorbei verläuft die *Via Pitagora*. Auch ein Fernlehrinstitut in dieser Stadt schmückt sich mit dem berühmten Namen: Centro Universitario a Distanze Pitagora.

Was uns jetzt noch fehlt, ist ein Bildnis des Meisters. Können wir uns vorstellen, wie Pythagoras ausgesehen hat? Können wir uns ein Bild von Pythagoras machen?

Der Schweizer Kunst- und Kulturhistoriker Jacob Burckhardt (1818–1897) beschreibt in seiner vierbändigen *Griechischen Kulturgeschichte* Pythagoras folgendermaßen:

> „Majestätischen Aussehens, mit herrlichem Antlitz und wallenden Locken, in weisse Gewänder gehüllt, trat er auf. Dabei leuchtete aus seinem Wesen eine milde Freundlichkeit ohne jede mürrische Zutat."

Etwas anders klingt es bei dem griechischen Philosophen Diogenes Laertios (um 200 n. Chr.). Sein Hauptwerk *Über Leben und Meinungen berühmter Philosophen* ist die einzige erhaltene Geschichte der Philosophie in der Antike. Danach muss Pythagoras eine sehr bestimmende Persönlichkeit gewesen sein, denn er begann seine Reden stets mit dem Satz: „Nein, bei der Luft, die ich atme, nein, bei dem Wasser, das ich trinke, ich gestatte keinen Widerspruch zu dem, was ich sage."

Erschwerend kommt bei unseren Bemühungen um ein Bildnis des Pythagoras hinzu, dass er sich bei seinen Vorträgen seinen Anhängern nicht zeigte, sondern sich hinter einem Vorhang verbarg. Erst nach fünf Studienjahren bekamen ihn seine Schüler zu sehen. Aber diese Geheimniskrämerei wird wohl kaum die Ursache für die vielen verschiedenartigen Bildnisse und Skulpturen sein, die in Umlauf sind.

Erstaunlicherweise befindet sich Pythagoras sogar unter den Köpfen im bayerischen Landtag in München. Überlegungen darüber, welcher der im Maximilianeum vertretenen Parteien er wohl angehört, erübrigen sich, es handelt sich lediglich um eine Marmorbüste. Geschaffen wurde sie im Auftrag König MAXIMILIANS II. (1811 – 1864) von den Bildhauern Peter Schöpf und Johann Halbig, die auch an der Ausstattung der Walhalla bei Regensburg mitwirkten.

Verweilen wir ein wenig in unserer pythagoreischen Galerie und betrachten in Ruhe weitere Porträts.

Aus F. Gafurius, Theorica Musice, Mailand, 1492

Ein echtes Suchbild stellt die *Schule von Athen* dar, mit der Raffael (1483–1520) u. a. die Stanza della Segnatura im Vatikan weitgehend eigenhändig ausmalte.

Den Namen Stanza della Segnatura erhielt dieser Raum, weil hier die wichtigsten Akten unterzeichnet und gesiegelt wurden. Raffael, der im Alter von 25 Jahren von Florenz nach Rom kam, malte für Papst Julius II. insgesamt vier Gemächer aus, die man heute als *Stanzen Raffaels* bezeichnet.

Schule von Athen (Ausschnitt), Vatikan, Rom

Unter den Gewölben einer riesigen Basilika erkennt man Philosophen des Altertums. Entdecken Sie Pythagoras in all der Betriebsamkeit? Platon (mit den Gesichtszügen Leonardo da Vincis) diskutiert mit Aristoteles in der Mitte des Bildes. Rechts im Vordergrund beugt sich Euklid (oder Archimedes, wie manche meinen) mit einem Zirkel in der Hand über eine Tafel. Darauf befindet sich eine Sternfigur, die schon zu manchen geometrischen Überlegungen Anlass gab (vgl. z.B. [15]). Links im Vordergrund finden wir endlich Pythagoras, der, umringt von einigen Neugierigen (vielleicht Schülern), auf einer Stufe sitzt und in einem dicken Folianten liest. Oder könnte dies nicht der in seinen *Elementen* blätternde Euklid sein und der Mann mit dem Zirkel ist doch Archimedes? Aber wo ist dann Pythagoras?

Diese Spekulationen wollen wir nicht weiterverfolgen, sondern uns einer Skulptur zuwenden, die sehr oft dem Pythagoras zugeordnet wird. Seine angebliche Vorliebe für orientalische Kleidung mag der Grund dafür sein. Dies könnte man natürlich auch als einen Hinweis auf Reisen in den Osten deuten, die bei den Historikern ja umstritten sind.

Interessant ist auch die Pythagoras-Skulptur an der Kathedrale *Notre Dame* in Chartres, etwa 100 km südwestlich von Paris. Nahezu 1800 Skulpturen schmücken dieses grandiose Bauwerk aus dem 12. Jahrhundert. Wir müssen hier also etwas suchen, bis wir unser ‚Objekt' ausfindig machen. Die Aufgabe wird uns durch die Kenntnis erleichtert, dass das rechte Tor des prächtigen Westportals insgesamt den griechischen Philosophen gewidmet ist. Am Fußende des Torbogens sitzt Pythagoras, ein Schreibpult auf seinen Knien. Und hier erfahren wir eine interessante Neuigkeit: Pythagoras muss Linkshänder gewesen sein.

Soweit unsere pythagoreische Bildergalerie. Können wir uns jetzt ein Bild von Pythagoras machen? Können wir Gemeinsamkeiten an den betrachteten Bildnissen entdecken?

Das Ergebnis fällt leider ziemlich mager aus. Übereinstimmung besteht lediglich darin, dass Pythagoras wohl Bartträger gewesen ist. Jeder Mann mit Bart ein Pythagoras ...?! Da greifen wir doch besser auf die Beschreibung Jacob Burckhardts zurück:

„Majestätischen Aussehens, mit herrlichem Antlitz und wallenden Locken ...“

So wollen wir uns einen Philosophen, einen Lehrer der Weisheit, vorstellen. Jeder Leser kann sich sein Bild von Pythagoras machen, weitere Informationen dazu finden sich noch in den folgenden Abschnitten.

A propos pythagoreische Bildergalerie. Rechtschreibreform hin, Rechtschreibreform her, sind Sie, verehrte(r) Leser(in), bei der Schreibweise des Wortes *pythagoreisch* nicht stutzig geworden? Schreibt man dieses Adjektiv nicht mit ä, also pythagoräisch? Wie folgende Kopie aus einem Zeitschriftenartikel des ausgehenden 19. Jahrhunderts belegt, erhitzten sich an dieser Frage die Gemüter und es gab heftige Diskussionen.

Pythagoreisch oder pythagoräisch?*)

Von Prof. Meyer-Herford i. W.

Im 6. Heft d. Jahrg. XXV, S. 434 Anm. wird von Richter-Wandsbeck die Schreibart „pythagoräisch“ verteidigt. Es heiſst daselbst: „es ist daher die Annahme statthaft, daſs die Endung in deutscher Weise gebildet ist“. Das ist nicht richtig. Die deutschen Adjectiva von Eigennamen werden durch die Endung „isch“ oder (mit Syncope des i) „sch“ gebildet, welche unmittelbar an das Wort oder an den sogenannten Stamm gehängt wird. Das ergiebt etwa Pythagoras'sch oder Pythagorisch; diese letztere Form findet sich wirklich z. B. bei Wieland (Göschen'sche Verlagsh. 1853 Ausg. in 32 Bdn.) Bd. 16, S. 248. Die Form „pythagoräisch“ ist weder deutsch noch lateinisch noch griechisch. Trägt man Bedenken, die richtige Form „pythagoreisch“ anzuwenden, weil man sie nicht begründen kann, warum sagt man dann nicht einfach Satz des Pythagoras, gleichwie Satz des Ceva, Satz des Pascal? (Reidt, Planim.[5] pag. 156 und 158). — Bei Spieker, Lehrb. der eb. Geom.[15] § 277 und Reidt, Planim. pag. 177 findet sich unrichtigerweise das Apollonische Taktionsproblem; dies würde bedeuten „des Apollon“.

---

*) Hierüber ist bereits an mehreren Stellen dieser unserer Zeitschrift verhandelt. Man sehe z. B. Bd. XVI (1885), S. 186 in dem Artikel: Schopenhauer und die Orthographie „Pythagoräisch“. Philologen meinen, wie uns Prof. Lieber mitteilt, daſs auch die Endung „äisch“ richtig sei, da selbst Cicero „pythagoraeus“ schreibe. D. Red.

Wie lautet aber nun die Lösung des Problems? Dazu werfen wir einen Blick in den Duden, in der Hoffnung, eine verlässliche Auskunft zu erhalten. Beide Schreibweisen sind demnach möglich, wobei diejenige mit *ä* allerdings mit der Anmerkung *österreichisch* versehen ist.

1.5 Der Lehrsatz – seine Bedeutung und einige Auswirkungen

Auf eine ganz andere Skulptur macht Benno Artmann [1] aufmerksam. Ihr Schöpfer ist der Darmstädter Bildhauer Helmut Lander, der ihr den Namen *Sisyphos* gegeben hat.

Sisyphos von Helmut Lander

Geradezu unter Anspannung aller Kräfte behauptet sich eine menschliche Gestalt zwischen mächtigen steinernen Blöcken, deren Querschnitte rechtwinkliges Dreieck bzw. Quadrat sind.

Rechtwinkliges Dreieck und Quadrat, das sind die Stichworte, die auf die berühmte Pythagoras-Konfiguration hinweisen. Diese Konfiguration, bzw. genauer gesagt der zugehörige Lehrsatz, ist ein Beispiel wirklich substantieller Mathematik innerhalb des Schulstoffs. Worin liegt dies begründet? Worin besteht beispielsweise der Unterschied zu der Schnitteigenschaft der drei Mittelsenkrechten im Dreieck?

Die Antwort ist offenkundig. Bei den Mittelsenkrechten in einem Dreieck sieht man an einer sauber gezeichneten Figur die Aussage auf den ersten Blick: Sie schneiden sich in einem Punkt. Ganz anders beim Satz des Pythagoras. Wir können die zugehörige Konfiguration betrachten, aber die eigentliche Aussage des Lehrsatzes bleibt zunächst verborgen.

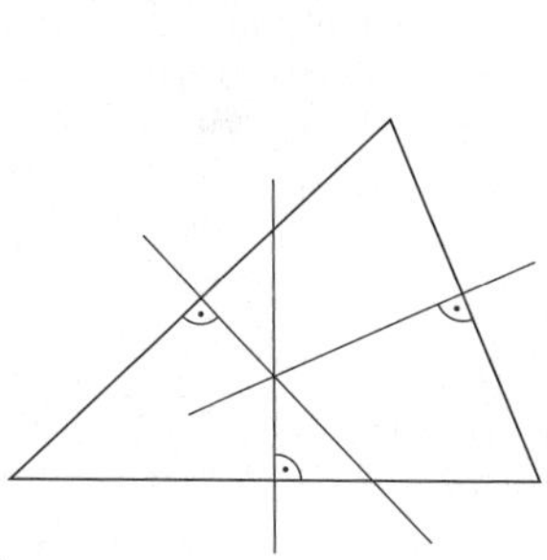

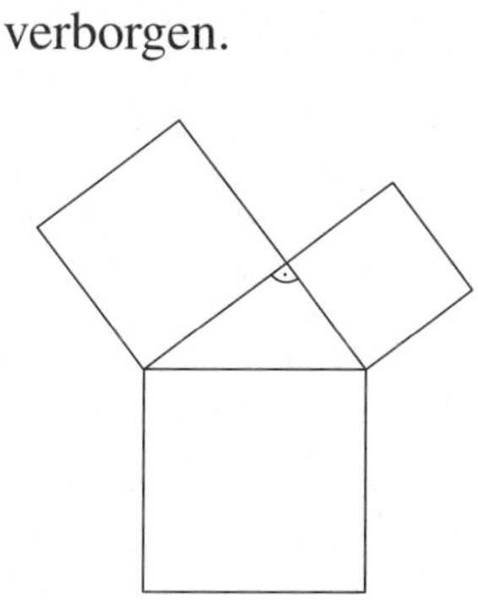

Dem Beweis des Lehrsatzes kommt hier eine zweifache Bedeutung zu. Zum einen dient er der Erkenntnissicherung, zum anderen ermöglicht er erst Einsicht in die Aussage selbst. In diesem Fall wird nicht nur verifiziert, was man an einer guten Zeichnung sofort ablesen kann. Es besteht also ein echtes Beweisbedürfnis.

Für das intellektuelle Gespür vieler mathematischer Laien spricht es, dass sie gerade diesen Lehrsatz als einzigen ihrer Schulzeit in Erinnerung behalten haben. Der *Pythagoras* ist somit einer der bekanntesten Lehrsätze der Elementargeometrie, wenn nicht der bekannteste überhaupt. Es gibt nicht viele mathematische Lehrsätze, die sich auf Briefmarken finden.

Oder kennen Sie einen weiteren mathematischen Lehrsatz, der zu Werbezwecken eingesetzt wurde?

Eine geometrische Konfiguration als Logo für ein Schuljubiläum, da kommt natürlich nur der *Pythagoras* in Frage.

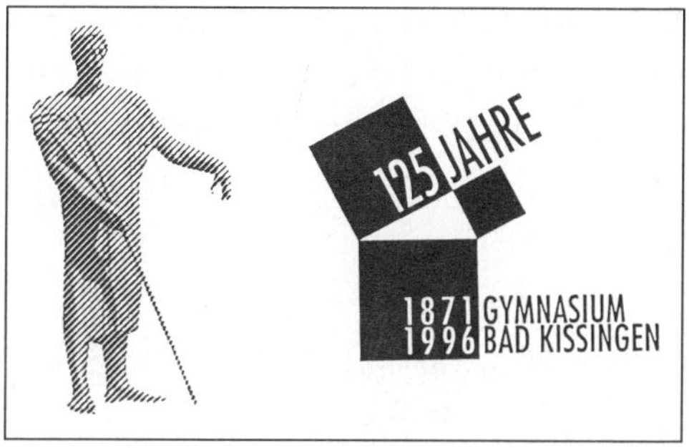

Die intellektuelle Bedeutung, die man diesem Lehrsatz beimisst, verdeutlichen auch folgende Begebenheiten:
In den ersten Jahrzehnten des 19. Jahrhunderts war man der Überzeugung, dass der Mond bewohnt sei. Damals gab es noch keine Raumfahrt. Die einzige Möglichkeit zur Erkundung des Weltraums war die Beobachtung mit Hilfe von Fernrohren. Um nun den Mondbewohnern zu signalisieren, dass es auf der Erde intelligente Lebewesen gibt, machte 1821 ein Holländer namens Gruithuyzens folgenden Vorschlag: Den Mondbewohnern soll der pythagoreische Lehrsatz mittels entsprechend angelegter großer Getreidefelder gezeigt werden. Man nahm nämlich an, dass alle intelligenten Lebewesen mit dieser Konfiguration vertraut sind.

Mit der Entdeckung der Marskanäle begann man sich dann für etwaige Marsbewohner zu interessieren. Einer der Wissenschaftler, die die Existenz von Lebewesen auf dem Mars für möglich hielten, war der amerikanische Astronom Percival Lowell (1855–1916), dessen Arbeiten zur Entdeckung des Planeten Pluto im Jahre 1930 führten. Um diesen Marsbewohnern die Existenz von Intelligenz auf der Erde kundzutun, sollten gigantische geometrische Gebilde gebaut werden. Ein Vorschlag war, in der Wüste Sahara eine überdimensionale Pythagoras-Konfiguration zu errichten.

Die mögliche Existenz von Lebewesen auf anderen Planeten faszinierte um die letzte Jahrhundertwende die Menschen. Im Jahr 1891 stellte eine gewisse Frau Guzman der Akademie der Wissenschaften in Paris 100 000

Francs zur Verfügung. Diese Summe sollte die Person erhalten, die einen Weg findet, sich mit einem anderen Planeten in Verbindung zu setzen. Auch hier wurde wieder die Pythagoras-Konfiguration als „Verständigungsmittel“ vorgeschlagen.

1.6 Ein pythagoreisches Drama

Ein Gründer einer geheimnisvollen Bruderschaft, ein Verkünder einer besonderen Heilsbotschaft, eine Biographie, die ziemlich im Dunkeln liegt, das ist der Stoff, aus dem Dramen entstehen. Und so verwundert es überhaupt nicht, dass es ein Drama in fünf Aufzügen mit dem Titel *Pythagoras* gibt. Verfasst hat es die Schriftstellerin A. E. TILLGNER in den dreißiger Jahren dieses Jahrhunderts. Noch bevor der Welt dieses ca. 600 Seiten umfassende Werk präsentiert werden konnte, verbrannte das druckfertige Manuskript bei dem Bombenangriff auf Leipzig. Die Verfasserin raffte sich nochmals auf und schrieb eine stark verkürzte Fassung nieder, die 1947 veröffentlicht wurde.

Zum Verständnis des Dramas sind einige Vorkenntnisse erforderlich, die in [34] im Rahmen einer vorangestellten Inhaltsangabe vermittelt werden. Bei der folgenden Schilderung der Handlung orientieren wir uns an dieser Inhaltsangabe.

Wir treffen auf einen 30- bis 40-jährigen Pythagoras, der laut Personenbeschreibung charakterisiert ist durch die Eigenschaften groß, mittelblond, griechische Gesichtszüge, würdevolle, ruhige Bewegungen. Dies erinnert uns an die Beschreibung Jacob Burckhardts: „Majestätischen Aussehens, mit herrlichem Antlitz ...“ (vgl. 1.4). Durch sein Studium der Naturwissenschaften gelangte Pythagoras zu der Überzeugung, dass seine Kenntnisse der Rechenkunst nicht ausreichend seien. Letztere war im damaligen Griechenland noch nicht genügend entwickelt und vervollkommnet. Als Meister auf diesem Gebiet galten die ägyptischen Priester, die die Rechenkunst in Geheimschulen ausübten. Nach vielen Mühen und Prüfungen erreichte Pythagoras die Aufnahme in eine solche Schule. Bald wandte er sich aber vom Studium der Rechenkunst ab und setzte sich ein neues Ziel: die Suche nach dem wahren Gott. – Soweit die Vorgeschichte. Man hat den Eindruck, dass es sich hier um einen Teil des Dramas handelt, der bei der Neufassung nicht mehr ausgearbeitet wurde.

Wenn sich der Vorhang öffnet, sieht man zwei ägyptische Priester, die Pythagoras, dem die Augen verbunden sind, führen. Er hält diese Wanderung mit einem für ihn unbekannten Ziel als Bestandteil einer besonderen Prüfung. Tatsächlich wollen ihn die Ägypter loswerden, weil ein Krieg mit den Persern bevorsteht. Seine Begleiter verlassen ihn an der Grenze zu Babylonien. Dort befindet sich das Lager des Perserkönigs Darius, der Pythagoras sofort gefangen nimmt.

Er gewinnt aber schnell das Wohlwollen des Königs und dessen Ratgebers Zaroastro. Beide geben ihm die Erlaubnis, eine Geheimschule unter den griechischen Gefangenen zu gründen, um später die Erkenntnis des wahren Gottes nach Griechenland zu bringen. Als Pythagoras in die Freiheit nach Griechenland entlassen wird, folgt ihm Eteris, eine ägyptische Prinzessin (schwarzhaarig und schön), um bei ihm Schutz zu suchen. Ein Konflikt bahnt sich an. Eteris liebt Pythagoras, er kann und will aber ihre Liebe nicht erwidern, um sich nicht von seinem Weg zur höheren Erkenntnis ablenken zu lassen. – Die auserwählten Führer haben es nun mal nicht leicht! – Auch von seinen Schülern verlangt Pythagoras strengste Enthaltsamkeit. Dagegen lehnt sich Kylon, eine temperamentvolle Künstlernatur (dunkel, hochfahrend, unruhig) auf. Doch Pythagoras kennt keine Kompromisse, er verweist den Aufsässigen aus der Gemeinschaft. Die Affäre bekommt noch eine pikante Note, da Kylon eine Schülerin namens Theona (griechischer Typ, mittelblond) liebt. – Sie lesen richtig, Schülerin, die Pythagoreer waren anscheinend kein reiner Männerbund. – Noch eine andere Person hat ein Auge auf Theona geworfen, und zwar Pythagoras selbst. Sein Werben geschieht aus uneigennützigen Gründen. Lediglich „höherer Einsicht folgend“ heiratet er Theona, damit seine Schüler eine „sanfte fürsorgliche Mutter“ bekommen. Ein edler Mensch, unser Pythagoras. Kylon allerdings sieht die Angelegenheit völlig anders, er vermutet niedere Motive für seinen Ausschluss und schwört Pythagoras Rache. Dieser entgegnet: „Viele sind berufen, aber nur wenige sind auserwählt.“ Diese Äußerung empfindet Kylon als Arroganz. Er hetzt das Volk gegen Pythagoras auf, der nun als Volksfeind angesehen und schließlich ermordet wird.

Ein solcher Mord darf nicht ungesühnt bleiben. Gott straft das griechische Volk, indem es von den Persern unterworfen wird. Bestand aber haben die Lehren des Pythagoras, die weiterwirken, solange es Menschen gibt.

Übrigens, das Vorwort beginnt mit dem Satz: „Das Drama wurde von Fachleuten als künstlerisch wertvoll bezeichnet." Weiterhin wird gesagt, dass das Drama historisch sein will, lediglich die Person des Kylon sei einer Sage entnommen. Wenn wir mit den spärlichen biographischen Angaben in Abschnitt 1.4 vergleichen, sind aber beträchtliche Abweichungen nicht zu übersehen. Hat die Schriftstellerin ihrer Phantasie zu viel freien Raum gelassen? Oder hat sie unkritisch ahistorisches Quellenmaterial verwendet?

Welche Quelle(n) A. E. Tillgner für ihr Pythagoras-Werk auswertete, ist nicht mehr bekannt. So können lediglich Vermutungen angestellt werden. Zwei Dinge an dem Drama sind signifikant. Zum einen lässt die historische Authentizität zu wünschen übrig, und zum anderen dominiert ein schwärmerischer bzw. abgehobener Sprachstil. Diese Fährte bringt uns auf das 1868 erschienene Buch *Pythagoras, der Weise von Samos* [3]. Hier finden wir u. a. die Beschreibung eines Aufenthalts bei ägyptischen Priestern zum Studium der Wissenschaft und Religion, den ägyptisch-persischen Krieg, das Exil in Babylon, die Beschäftigung mit der Lehre des Zarathustra usw. Diese Ereignisse kommen uns bekannt vor, ebenso der erhabene und emotionale Sprachstil. Autor dieser romanhaften Lebens- und Wirkungsgeschichte des Pythagoras ist der Pfarrer Eduard Baltzer (1814–1887) aus Nordhausen/Thüringen, ein Schwärmer und Sonderling. Als Grundlage dieser Huldigungsschrift diente Eduard Röths (1807–1858) *Geschichte der Philosophie*, die den Untertitel *Die Übertragung der orientalischen Ideenkreise nach Griechenland und ihre Fortbildung durch die ionischen Denker und Pythagoras* trägt. In diesem Werk sammelte der Geisteswissenschaftler Röth (Professor der Philosophie und des Sanskrit) alle Anekdoten, Hinweise, Überlieferungen zu Pythagoras, ohne die Glaubwürdigkeit der Quellen zu überprüfen oder zu hinterfragen. Jedes aufgezeichnete Ereignis wird für den naiven Leser so zum historischen Faktum. Wenn nun solches Material von einem schwärmerischen, glühenden Verehrer des antiken Griechenland verarbeitet wird, dann braucht man sich über historische Ungereimtheiten nicht zu wundern. Nicht nur wegen der fehlenden Würdigung der mathematischen Leistungen der Pythagoreer sollte man auf B. L. van der Waerdens umfangreiches Standardwerk [37] zurückgreifen.

2

Gedanken zur Entstehung des Lehrsatzes

Was wissen wir über den Ursprung, über die Entstehung dieses Satzes? Darüber haben wir keine gesicherte Erkenntnis. Der Legende nach wird dieser Satz PYTHAGORAS von Samos zugeschrieben, der von ca. 570 v.Chr. – 500 v.Chr. lebte.

Der Neuplatoniker PROKLOS schreibt um 450 n.Chr. – also ca. 1000 Jahre nach Pythagoras:

> „Schenken wir denjenigen Gehör, die das Altertum erforschen wollen, so werden wir finden, dass sie dies Theorem auf Pythagoras zurückführen und berichten, er habe der Entdeckung halber einen Stier geopfert."

Auch bei PLUTARCH (ca. 45–120 n.Chr.) findet sich ein Hinweis auf ein Stieropfer anlässlich der Entdeckung der berühmten Figur. Bartel Leendert VAN DER WAERDEN (1903–1996) hält solche Geschichten schon deshalb für unmöglich, weil Pythagoras ein heftiger Gegner von Opfern friedlicher Tiere gewesen sei (vgl. [36]). Diese in der Literatur weitverbreitete Ansicht wird aber heutzutage angezweifelt (vgl. [41]).

2.1 Pythagoras im Gedicht

Möglicherweise veranlassten die Angaben des Proklos bzw. des Plutarch den Romantiker Adalbert von CHAMISSO (1781–1838) in der ersten Hälfte des vergangenen Jahrhunderts über die Entdeckung des Lehrsatzes folgendes Sonett zu verfassen:

Die Wahrheit, sie besteht in Ewigkeit,
Wenn erst die blöde Welt ihr Licht erkannt:
Der Lehrsatz, nach Pythagoras benannt,
Gilt heute, wie er galt zu seiner Zeit.

Ein Opfer hat Pythagoras geweiht
Den Göttern, die den Lichtstrahl ihm gesandt;
Es taten kund, geschlachtet und verbrannt,
Ein Hundert Ochsen seine Dankbarkeit.

Die Ochsen seit dem Tage, wenn sie wittern,
Dass eine neue Wahrheit sich enthülle,
Erheben ein unmenschliches Gebrülle;

Pythagoras erfüllt sie mit Entsetzen;
Und machtlos, sich dem Licht zu widersetzen,
Verschließen sie die Augen und erzittern.

Lyrikexperten sehen sofort, dass es sich hier um ein regelmäßiges Sonett handelt: Auf zwei vierzeilige Strophen (Quartette) folgen zwei dreizeilige Strophen (Terzette). Da man Schülern ein 14-zeiliges Gedicht heutzutage nicht mehr zumuten kann, gibt es auch eine Kurzform, die meines Wissens auf den Schriftsteller und Spötter Ludwig BÖRNE (1786–1837) zurückgeht:

Hundert Ochsen nahm er her,
schlachtet sie am Platz.
Darum scheut das Rindvieh sehr,
heute noch den Satz.

Diese Geschichte mit dem Rinderopfer verband Heinrich HEINE (1797–1856) auf amüsante Weise mit der Seelenwanderungslehre der Pythagoreer. Pythagoras lehrte nämlich u.a., dass die Seele wandere und auch in Tieren wieder erscheinen könne. Er selbst käme, so berichtet zumindest Diogenes Laertios, alle 207 Jahre aus der Unterwelt wieder zu den Menschen. Heine stellte sich nun, vielleicht mit einem kleinen Seitenhieb auf die Mathematiker, folgende Situation vor:

> „Wer weiß! wer weiß! die Seele des Pythagoras ist vielleicht in einen armen Kandidaten gefahren, der durch das Examen fällt, weil er den pythagoräischen Lehrsatz nicht beweisen konnte, während in seinen Herren Examinatoren die Seelen jener Ochsen wohnen, die einst Pythagoras, aus Freude über die Entdeckung seines Satzes, den ewigen Göttern geopfert hatte."

Da aller guten Dinge bekanntlich drei sind – das hört sich fast nach pythagoreischer Zahlenmystik an – betrachten wir ein drittes Gedicht, aber nur den ersten Teil. Die kunstvoll geschmiedeten Verse ermöglichen einen wirklich profunden Einblick in die Entstehungsgeschichte des Lehrsatzes. Als Autor dieser Sternstunde der Lyrik konnte ich einen gewissen Hans FELDKAMP ausfindig machen. Er hat seinen Beitrag zur Geschichte der Mathematik vermutlich Ende der 50er Jahre dieses Jahrhunderts vor Hörern aller Fakultäten auf dem Winterfest der evangelischen Studentengemeinde Göttingen vorgetragen. Dies unterstreicht wiederum die kulturelle Tragweite des Pythagoras. Welche andere mathematische Thematik hätte sich sonst noch für einen Hörerkreis aus allen Fakultäten geeignet?

Verehrte Damen!
Meine Herren!

Gestatten Sie mir, zu erklären,
was mich auf dieses Thema brächte,
das zu behandeln ich gedächte.

Es hat die Presse da vor Wochen
von einem neuen Fund gesprochen
in Form von einer Schieferplatte.
Auf dieser Platte aber hatte
ein kluger Mann gefunden – was? –
den Lehrsatz des Pythagoras.
Nun, das Fatale der Geschichte,
so liest man weiter im Berichte,
sei dies: Besagte Tafel wäre
viel älter als besagter Herre,
so dass, was daraus evidente,
der Satz von ihm nicht stammen könnte.

Ich nun gedenke hier mitnichten,
zitierter Ansicht beizupflichten,
und setze mir zum Ziel deswegen,
im Gegenteile darzulegen,
wie diesen Lehrsatz in der Tat
Pythagoras gefunden hat,
und hoffe so, in diesen Fragen
zur Klärung etwas beizutragen.

In seinem Bette schlaflos saß
um Mitternacht Pythagoras
und starrte trübe in die Ferne
beim Schimmer einer Nachtlaterne.
Es hatte sich im Traum soeben
ihm ein Problem da aufgegeben:
Ihm war, als wohne zu Korinth
ein unbeschreiblich schönes Kind,
von seinen Eltern Tag und Nacht
in einem Hause streng bewacht,
die dies mit einem tiefen Graben
zum Überflusse noch umgaben.

An dieser Stelle wollen wir unseren Ausflug in die Poesie abbrechen. Wir haben zwar kaum mehr als ein Zehntel des Gesamtwerkes hinter uns, aber ich denke, das genügt in diesem Fall als Kostprobe. In Abschnitt 3.7 lernen wir ein weiteres Pythagoras-Gedicht kennen, und zwar von dem dänischen Märchendichter Hans Christian Andersen. Pythagoras ein Märchen? Aber nein, Hans Christian Andersen befasst sich konkret mit Mathematik. Es geht ihm auch nicht um die Entstehungsgeschichte, sondern um einen Beweis des Lehrsatzes.

2.2 Spekulationen über die Entstehungsgeschichte

Wir versuchen weiterhin Licht in das Dunkel der Historie des Lehrsatzes zu bringen. Über seine Entstehung haben wir keinerlei gesicherte Erkenntnis, wir können lediglich Spekulationen anstellen – und das werden wir im Folgenden tun.

2.2.1 Erste Version

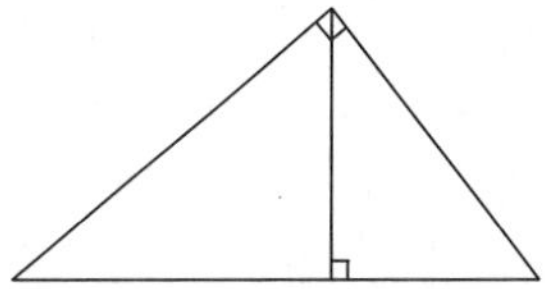

In der ersten Version der Entstehungsgeschichte betrachtet Pythagoras zunächst ein rechtwinkliges Dreieck. Er zeichnet die einzige sichtbare Höhe ein.

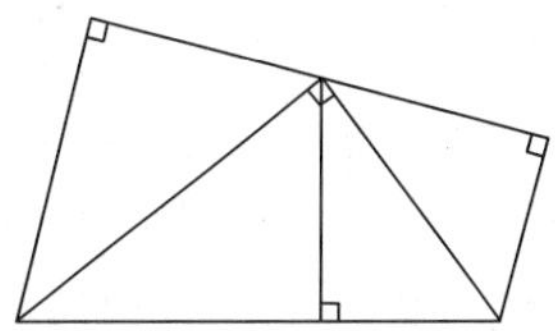

Es entstehen zwei neue rechtwinklige Dreiecke, die er jeweils um deren Hypotenuse nach außen klappt.

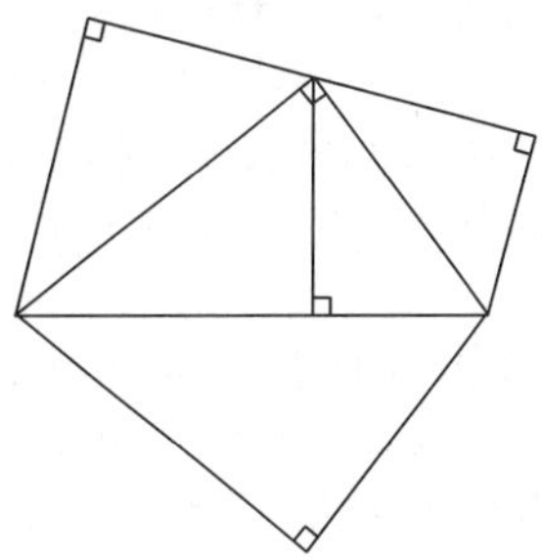

Schließlich klappt er das Ausgangsdreieck um dessen Hypotenuse ebenfalls nach außen.

Ganz anschaulich ist nun klar: Die Summe der Flächen der beiden rechtwinkligen Dreiecke über den Katheten ist gleich der Fläche des rechtwinkligen Dreiecks über der Hypotenuse.

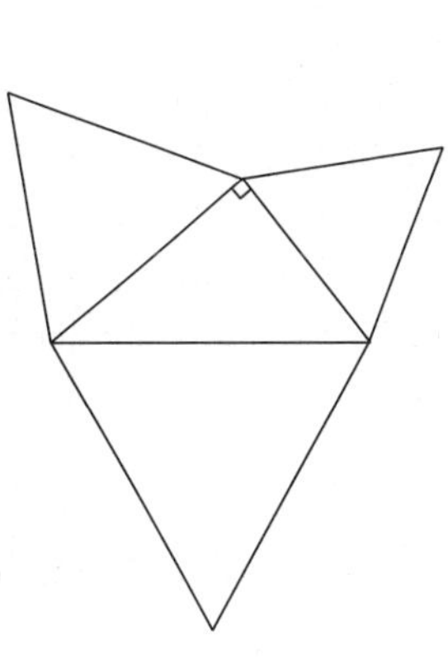

Jetzt beschäftigt sich Pythagoras mit dieser Konfiguration der nach außen aufgesetzten rechtwinkligen Dreiecke. Er fragt sich: „Gilt das Ergebnis der Flächengleichheit auch für andere Dreiecke?" Er betrachtet zunächst regelmäßige, also gleichseitige Dreiecke.

Und in der Tat, es klappt. Auch hier lässt sich zeigen: Die Summe der Flächen der beiden gleichseitigen Dreiecke über den Katheten ist gleich der Fläche des gleichseitigen Dreiecks über der Hypotenuse. Allerdings ist diesmal der Sachverhalt nicht so evident, zum Nachweis muss man ein wenig rechnen.

Durch seine Erfolge ermutigt, wird Pythagoras verwegener. Nach den regelmäßigen Dreiecken betrachtet er regelmäßige Vierecke, also Quadrate über den Seiten eines rechtwinkligen Dreiecks: Und sein berühmter Lehrsatz ist geboren!

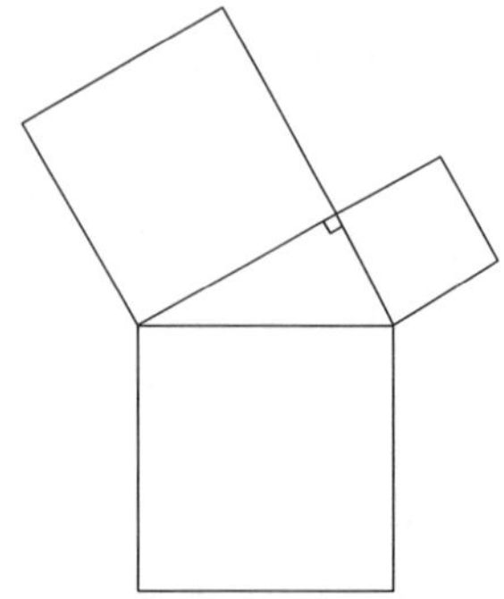

Auf dem eben skizzierten Weg könnte Pythagoras zwar seine berühmte Entdeckung gemacht haben; diese Version der Entstehungsgeschichte ist aber ziemlich unwahrscheinlich. Denn die Strategie, von einem Ergebnis auszugehen und es dann zu verallgemeinern – also nach der Devise zu handeln: *be wise – generalize* – entspricht wohl kaum der antiken Auffassung von mathematischer Arbeitsweise.

2.2.2 Zweite Version

Mit der zweiten Version der Entstehungsgeschichte begeben wir uns auf eine eher mystische Ebene. Eine griechische Postkarte will uns glauben machen, dass der weise Pythagoras durch einen beschwörenden Blick in eine magische Kugel zu seiner Erkenntnis gelangte.

Ansichtskarte von Samos

Diese Sichtweise lässt Pythagoras übernatürlich erscheinen. Dagegen hätte er sich kaum gewehrt, denn es hätte ihm gefallen, dass ihn seine Mitmenschen für eine ‚besondere Erscheinung' hielten. Als Beleg für ein solches Verhalten kann man die Diskussion über seine Herkunft heranziehen. Über seine Mutter Pythais gibt es keine Zweifel, die Angaben zum Vater sind dagegen nicht eindeutig. Das soll in den besten Familien vorkommen. Bei Iamblichos (250–330 n.Chr.) lesen wir zunächst, dass der Vater ein wohlhabender Kaufmann namens Mnesarchos war, anderen Quellen zufolge war er Goldschmied von Beruf. Iamblichos zitiert aber auch Verszeilen eines samischen Dichters, die den Gott Apollon als Vater nennen:

> „Pythais, aller Frauen schönste im Samiervolk,
> Schenkt dem von Zeus geliebten Apollon Pythagoras."

Pythagoras also ein Halbgott? Der berühmte Lehrsatz folglich göttliche Weisheit. Ist die Darstellung auf der Postkarte doch kein reines Phantasieprodukt?

Die letzte Version seiner Herkunft scheint Pythagoras selbst sehr gefallen zu haben, denn er korrigierte in keiner Weise den Glauben seiner Anhänger, er sei ein Sonderwesen zwischen Mensch und Gott. Iamblichos zufolge sagten sie über ihn: „Es gibt Menschen und Götter und Wesen wie Pythagoras." Er förderte sogar diesen Glauben, indem er Wundergeschichten über sich in Umlauf brachte. So redete er zum Beispiel mit einem Fluss. Dies mag zunächst nichts Besonderes sein, aber dann wird berichtet, dass der Fluss ihm laut und deutlich geantwortet hat. – Unsereins hat vielleicht Gold in den Zähnen, Pythagoras dagegen kann mit einem Oberschenkel aufwarten, der aus reinem Gold gewesen sein soll. Einer anderen Quelle nach war sogar seine Hüfte aus purem Gold. – Ein ganz besonderes Ereignis stellt auch sein angeblicher Höflichkeitsbesuch bei dem zweiten römischen König Numa Pompilius (715–672 v.Chr.) dar. Denn dieser war, wie aus den Lebensdaten zu ersehen ist, immerhin ca. einhundert Jahre vor des Pythagoras Geburt gestorben. – Außerdem wird berichtet, dass er am gleichen Tag und zur gleichen Stunde sowohl in Metapont als auch in Kroton von vielen gesehen wurde – bei einer Entfernung von 140 km zwischen beiden Orten sicher keine Kleinigkeit. – Daneben griff er wirksam bei Naturereignissen ein, indem er Stürme und Hagel beendete, stürmische Flüsse und Meere befriedete und Seuchen stoppte. Dies ist wahrlich aber nichts Besonderes, denn solche Taten gehören in das Grundrepertoire eines Wundermannes.

2.2.3 Dritte Version

Glaubwürdiger als diese Wundergeschichten erscheint die dritte Version, die ich Ihnen nun vorstellen möchte. Allerdings hat sich dieses Geschehen zeitlich weit vor Pythagoras ereignet. Dazu muss ich etwas ausholen.

Gesichert ist, dass der Lehrsatz lange vor Pythagoras vielen Kulturvölkern bekannt war. Er wurde wohl zur Berechnung von Streckenlängen und zur Herstellung rechter Winkel verwendet. In Ägypten hat man bereits um 2300 v.Chr. zur Zeit des Königs AMENEMHAT I. das rechtwinklige Dreieck mit den Seitenlängen 3, 4, 5 gekannt.

Sogenannte *Seilspanner*, die Harpedonapten, hatten die Aufgabe, mit Streckenlängen 3, 4, 5 rechte Winkel zu konstruieren. Dazu verwendeten sie ein Knotenseil.

Ein 12 Längeneinheiten langes Seil ist an den Enden zusammengebunden und im Abstand von einer Längeneinheit befinden sich jeweils Knoten. Wird das Seil am ersten, vierten und achten Knoten festgehalten und gespannt, so entsteht am vierten Knoten ein rechter Winkel.

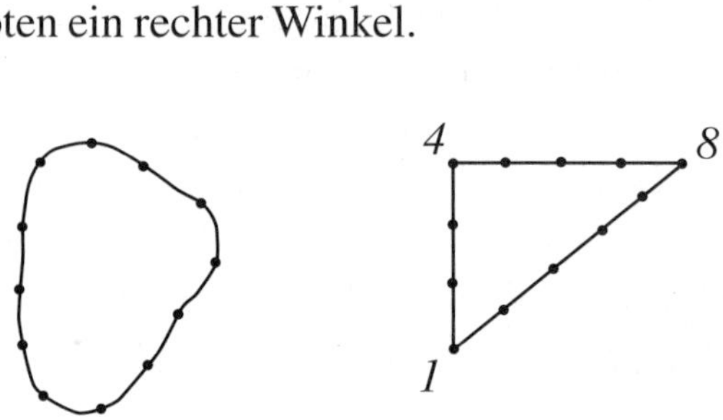

Wenn Sie genau aufgepasst haben, werden Sie sicher bemerkt haben, dass die Seilspanner nicht den Lehrsatz des Pythagoras, sondern dessen Umkehrung verwenden. Denn sie starten mit einem Dreieck, dessen Seitenlängen die Gleichung $3^2 + 4^2 = 5^2$ erfüllen, und erhalten als Ergebnis ein rechtwinkliges Dreieck. Die geometrische Interpretation dieser Gleichung führt nun zu der berühmten Pythagoraskonfiguration. So ist es verhältnismäßig wahrscheinlich, dass die Umkehrung des Satzes älter ist als der Satz selbst. Diese Geschichte mit den Seilspannern eignet sich hervorragend für den Unterricht. Auf natürlichem Wege wird man mit der Thematik *Umkehrbarkeit von Aussagen* konfrontiert.

Vielleicht hat Pythagoras solche oder ähnliche Überlegungen angestellt und ausgehend von der Umkehrung den Lehrsatz entdeckt? So ganz abwegig wird diese Vermutung nicht sein.

Damit wir nicht vollständig aus der Übung kommen, schauen wir uns einen einfachen Nachweis der Umkehrung an:
O. B. d. A sei ΔABC spitzwinklig.

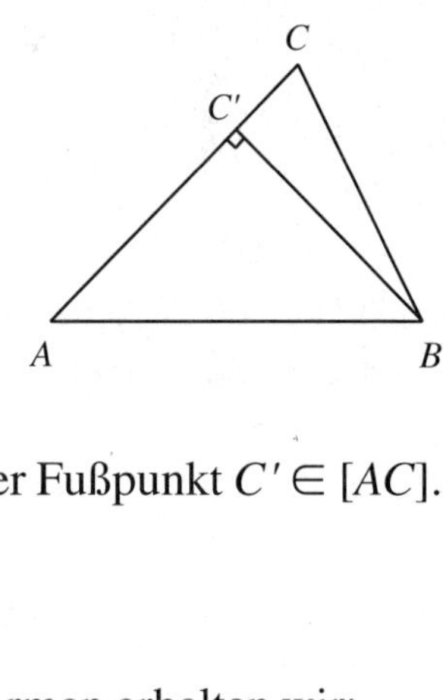

$$\overline{CC'} = x$$
$$\overline{BC} = a$$
$$\overline{BC'} = \tilde{a}$$

Sei ABC ein nichtentartetes Dreieck mit $a^2 + b^2 = c^2$. Dann ist $b \neq 0$.

Von B aus wird das Lot auf AC gefällt. O.B.d.A. sei der Fußpunkt $C' \in [AC]$.

$$\Delta ABC' \text{ ist rechtwinklig} \Rightarrow \tilde{a}^2 + (b - x)^2 = c^2$$
$$\Delta C'BC \text{ ist rechtwinklig} \Rightarrow \tilde{a}^2 + x^2 = a^2$$

Durch Subtraktion der beiden Gleichungen und Umformen erhalten wir:

$$a^2 + b^2 - 2bx = c^2.$$

Wegen $a^2 + b^2 = c^2$ (Vor.) folgt $-2bx = 0$.
Da $b \neq 0 \Rightarrow x = 0$, d.h. $C = C'$,
d. h. ΔABC identisch mit $\Delta ABC'$, also rechtwinklig. □

Herodot wurde von Cicero ,Vater der Geschichtsschreibung' genannt. Er lebte zeitweise auf Samos im Exil.

Die Geschichte mit den ägyptischen Seilspannern, die rechte Winkel mit dem Knotenseil konstruieren, findet sich zwar häufig in der Literatur, sie hat aber einen Nachteil: Mit großer Wahrscheinlichkeit ist sie eine 'fromme Legende'. Es fehlt ein konkreter Beleg. Urheber dieser Legende dürfte wohl der griechische Geograph und Historiker HERODOT (484 v.Chr. – 430 v.Chr.) gewesen sein, und Generationen von Autoren haben sie seit 2500 Jahren immer wieder ohne Überprüfung übernommen. Außerdem kann man gegen die Knotenseilkonstruktion einwenden, dass man mit ihr kaum die für Bauwerke erforderliche Genauigkeit erreicht.

Zu genauen Ergebnissen gelangt man aber mit sehr einfachen Mitteln, nämlich mit Pflock und Seil. Einen Hinweis auf diese Konstruktionshilfsmittel gibt eine Inschrift am Tempel von Abydos. Hier wird die Gründung des Tempels durch König SETHOS I. (ca. 1445 v.Chr.) beschrieben. Die Göttin SEFECH spricht zu ihm: „Der Schlegel in meiner Hand war von Gold, als ich schlug den Pflock mit ihm, und Du warst bei mir in Deiner Eigenschaft als Harpedonapt. Deine Hand hielt den Spaten beim Feststellen der vier Ecken des Tempels in Genauigkeit gemäß den vier Seiten des Himmel." Auf den zugehörigen Bildern sieht man den König mit der Osiris-Krone, ihm gegenüber die Göttin. Beide halten in der Rechten eine Keule und schlagen damit je einen langen Pflock in den Boden. Um die zwei Pflöcke läuft ein an den Ecken zusammengebundenes Seil, das straff angezogen wird.

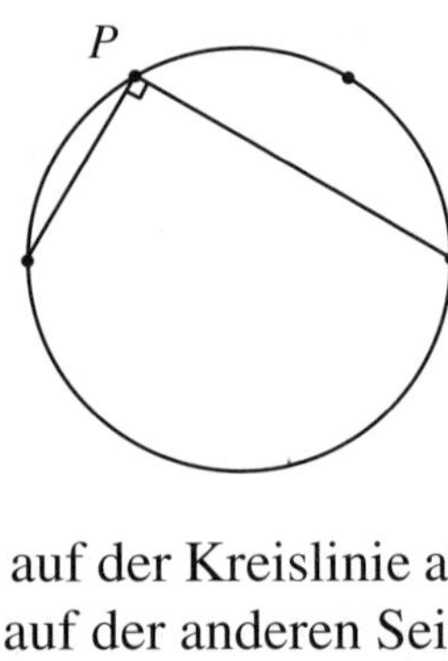

Betrachten wir die Sache im Detail. An einer Stelle *P* soll ein rechter Winkel erzeugt werden. Dazu verwenden wir ein an den Enden zusammengebundenes Seil, das um zwei Pflöcke läuft. Der eine Pflock wird nun bei *P* festgehalten, das Seil straffgezogen, und man schlägt den zweiten Pflock in den Boden. Mit dem ersten Pflock wird nun eine Kreislinie in die Erde bzw. in den Sand geritzt. Dann trägt man die Länge des Radius, von *P* beginnend, auf der Kreislinie ab. Verbindet man *P* mit einem direkten Nachbarpunkt und auf der anderen Seite mit dem übernächsten, so erhält man einen rechten Winkel.

Nicht nur in Abydos, sondern auch an Inschriften und Abbildungen der Tempelanlagen von Dendera und Edfu wird diese Konstruktion geschildert.

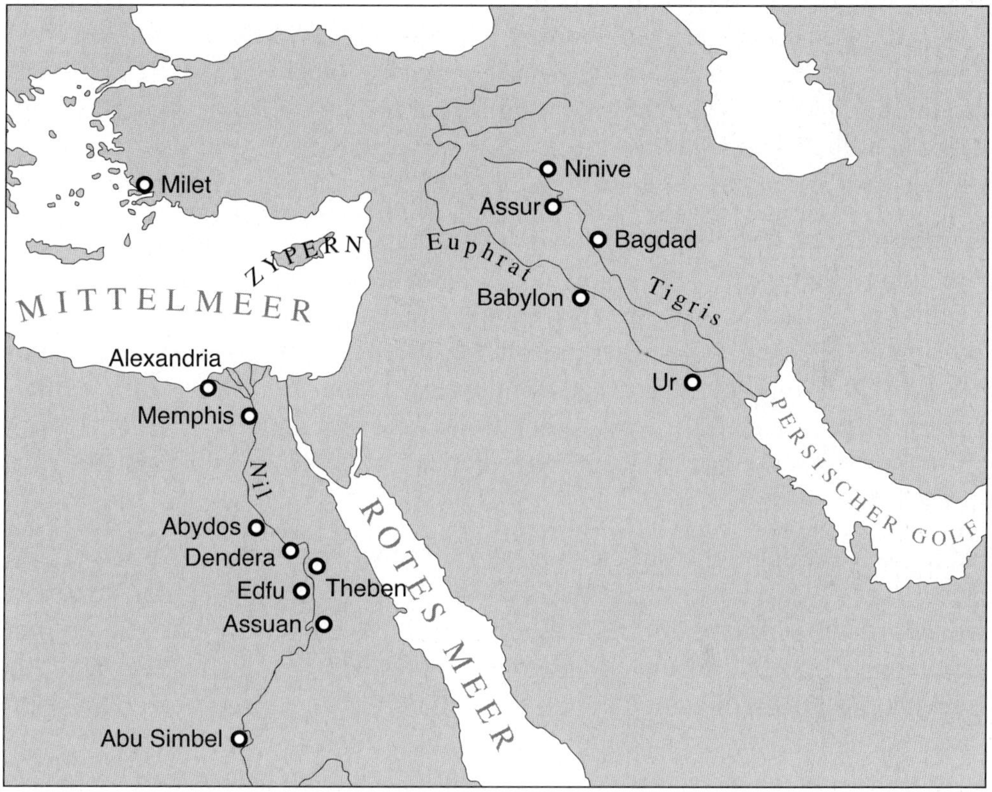

2.3 Der lange Weg zum Beweis – kurz gefasst

Blicken wir kurz auf die andere große alte Kulturnation. Auch die Babylonier wussten bereits 1800 v. Chr., dass ein Dreieck mit den Seiten 3, 4, 5 rechtwinklig ist. Wir können sogar annehmen, dass sie zumindest für den Spezialfall des gleichschenklig rechtwinkligen Dreiecks eine anschauliche Begründung für den Lehrsatz des Pythagoras kannten. Bei Ausgrabungen wurde eine Tontafel mit folgender Figur gefunden:

„1 ist die Länge. Ein Quadrat; in sein Innerstes habe ich acht Dreiecke gelegt. Was sind ihre Flächen?“

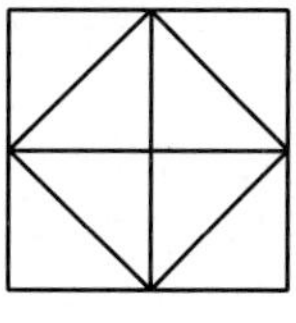

Kann man den Babyloniern auch einen allgemeinen Beweis des Lehrsatzes zutrauen? Kannten sie überhaupt eine allgemeine Formulierung der Aussage des Satzes? Mit Sicherheit nicht in der Fassung wie sie uns aus den *Elementen* (I, 47) des Euklid vertraut ist, denn die Babylonier waren nur in der Lage, den Satz auf die Seiten und die Diagonale eines Rechtecks zu beziehen. Ihnen fehlte nämlich der Winkelbegriff, und so gab es für sie keine Veranlassung, Aussagen über Dreiecke im Allgemeinen zu formulieren. Und dann macht es keinen Sinn, besondere Dreiecke, nämlich rechtwinklige, zu betrachten.

Wie hielten es die Babylonier mit dem Begründen von Regeln bzw. von Aussagen? In dieser Frage sind sich die Wissenschaftshistoriker nicht einig. Zahlreiche Anhänger hat die Auffassung, dass unterschieden werden muss zwischen der Fähigkeit altorientalischer Schreiber zum Lösen einzelner mathematischer Aufgaben nach bestimmten, mechanisch ausführbaren Rezepten, ohne auch nur den Versuch eines Beweises, und dem Bemühen der griechischen Mathematiker um ein systematisches Ableiten und Ordnen ihrer Einsichten.

Dagegen argumentiert der Kieler Wissenschaftshistoriker Hans-Joachim WASCHKIES [38] zunächst mit praktischer Lebenserfahrung. Jeder Praktiker wendet mathematische Formeln an, ohne sich Gedanken zu machen, ob und wie man sie beweisen kann. Niemand nimmt deshalb automatisch an, dass die Entdeckung dieser Formeln auch das Resultat eines rein mechanischen Anwendens von Rezepten oder ein zufälliges Erraten war. Seine Ansicht stützt Waschkies mit Beispielen von „Musteraufgaben“, anhand derer Verfahren erklärt bzw. begründet werden konnten. Weiterhin führt er Indizien an, die darauf schließen lassen, dass anschauliche Symmetriebetrachtungen beim Entdecken und Nachweisen geometrischer Erkenntnisse eine Rolle spielten.

Die Anfänge der griechischen Geometrie bei Thales und bei den Pythagoreern sind nicht in erster Linie durch neue Entdeckungen gekennzeichnet. Neu ist der *methodische* Aspekt. Wichtig war zunächst die Entdeckung, dass Einsichten in mathematische Sachverhalte, die bislang durch exemplarische Unterweisung vermittelt wurden, sich in der Form von Lehrsätzen festhalten lassen. Innerhalb dieser Entwicklung wurde beispielsweise aus der babylonischen Erkenntnis über den Zusammenhang von Seiten- und Diagonalenquadraten am Rechteck der Lehrsatz des Pythagoras. Die Begründung der Lehrsätze erfolgte anfangs weiterhin mit Symmetriebetrachtungen, neue Begriffe wie Winkel und Parallele wurden eingeführt. In der Folgezeit gingen die griechischen Mathematiker daran, die sehr anschaulichen Argumentationen durch logisch-deduktive Beweise zu ersetzen. Diese Entwicklung gipfelte dann in dem Bestreben, der Geometrie eine axiomatisch-deduktive Struktur zu verpassen. Aber das war lange nach Pythagoras.

Machen wir einen weiteren Zeitsprung, und zwar in das 12. Jahrhundert nach Christus. Der Inder Bhaskara (1114–?) führte um 1150 folgenden Beweis zum Lehrsatz des Pythagoras:

Das rechtwinklige Dreieck wird durch die Höhe in zwei rechtwinklige Teildreiecke zerlegt. Bhaskara geht davon aus, dass die Seiten der Teildreiecke den Seiten des Ausgangsdreiecks proportional sind. Diese Proportionalität kannten und verwendeten die Babylonier.

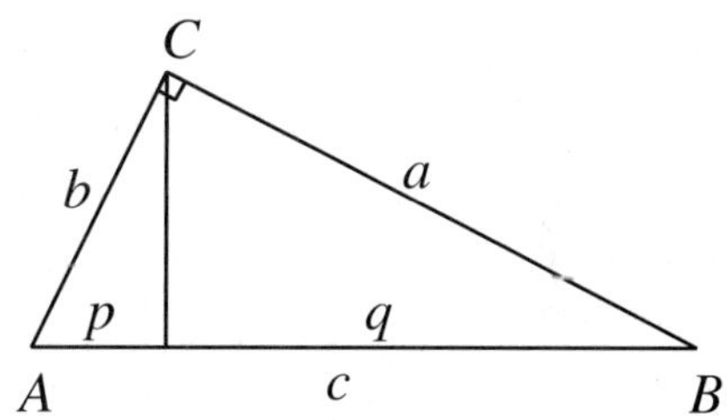

Daraus folgt dann:

$$\left.\begin{array}{l} \frac{p}{b} = \frac{b}{c} \Rightarrow b^2 = p \cdot c \\ \frac{q}{a} = \frac{a}{c} \Rightarrow a^2 = q \cdot c \end{array}\right\} a^2 + b^2 = c(p+q) = c^2.$$

In der westlichen Welt bekannt gemacht wurde dieser Beweis durch Leonardo von Pisa (ca. 1170–ca. 1240), der ihn in sein 1220/1221 erschienenes Buch *Practica Geometriae* aufgenommen hat (vgl. 4.3). Die Schüler lernen diesen Beweis heute im Rahmen der Ähnlichkeitsgeometrie in der 9. Klasse kennen. Die Proportionalität der Seiten der Dreiecke folgt aus der Ähnlichkeit der entsprechenden Dreiecke.

Was hat dieser Beweis mit den Babyloniern zu tun? Ganz einfach, die verwendeten Hilfsmittel waren ihnen bereits bekannt. Sie zerlegten halbe Rechtecke (= rechtwinklige Dreiecke) wiederum in halbe Rechtecke und benutzten die verwendeten Proportionalitäten. Aber kannten sie deshalb auch diesen Beweis? Die Antwort müssen wir offen lassen, wir könnten wieder in obige Diskussion einsteigen. Als abschließende Würdigung der babylonischen Mathematik können wir uns zumindest auf folgende Charakterisierung R.L. Wilders aus seinem Buch *Evolution of Mathematical Concepts* einigen:

„The Babylonians had brought mathematics to a stage where two basic concepts of Greek mathematics were ready to be born – the concept of a *theorem* and the concept of a *proof*."

3

Beweise des Lehrsatzes des Pythagoras

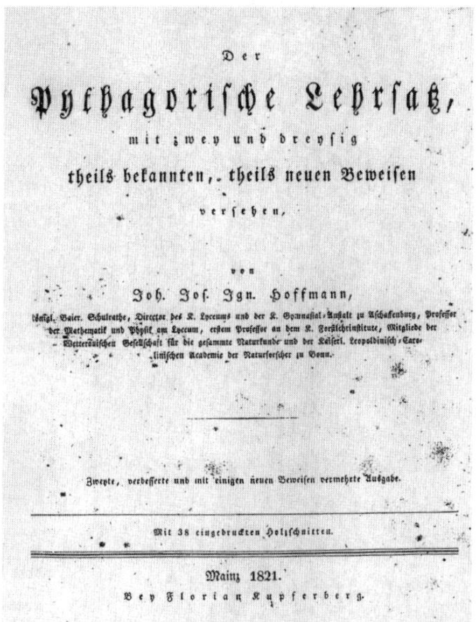

Der

Pythagorische Lehrsatz,

mit zwey und dreysig

theils bekannten, theils neuen Beweisen

versehen,

von

Joh. Jos. Ign. Hoffmann,

Königl. Baier. Schulrathe, Director des K. Lyceums und der K. Gymnasial-Anstalt zu Aschaffenburg, Professor der Mathematik und Physik am Lyceum, erstem Professor an dem K. Forstlehrinstitute, Mitgliede der Wetterauischen Gesellschaft für die gesammte Naturkunde und der Kaiserl. Leopoldinisch-Carolinischen Academie der Naturforscher zu Bonn.

Zweyte, verbesserte und mit einigen neuen Beweisen vermehrte Ausgabe.

Mit 38 eingedruckten Holzschnitten.

Mainz 1821.

Bey Florian Kupferberg.

Wohl wegen seines ästhetischen Reizes hat der Satz des Pythagoras Mathematiker und Amateure zu allen Zeiten beschäftigt. Auch heutzutage tauchen immer wieder neue bzw. wiederentdeckte Beweise auf. So ist es naheliegend, dass solche Beweise gesammelt wurden. Ich möchte nur drei Beispiele nennen. Bereits 1821 hat der Aschaffenburger Gymnasialdirektor Johann Josef Ignaz HOFFMANN (1777– 1866) eine Schrift mit 32 Beweisen herausgegeben [22].

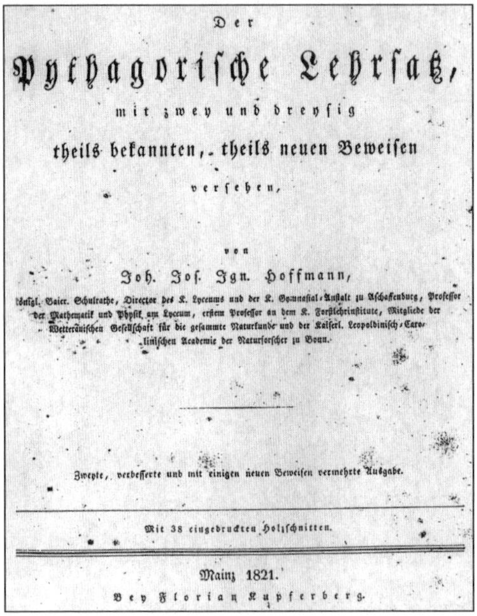
Der

Pythagorische Lehrsatz,

mit zwey und dreyßig

theils bekannten, theils neuen Beweisen

versehen,

von

Joh. Jos. Ign. Hoffmann,

königl. Baier. Schulrathe, Director des K. Lyceums und der K. Gymnasial-Anstalt zu Aschaffenburg, Professor der Mathematik und Physik am Lyceum, erstem Professor an dem K. Forstlehrinstitute, Mitgliede der Wetterauischen Gesellschaft für die gesammte Naturkunde und der Kaiserl. Leopoldinisch-Carolinischen Academie der Naturforscher zu Bonn.

Zweyte, verbesserte und mit einigen neuen Beweisen vermehrte Ausgabe.

Mit 38 eingedruckten Holzschnitten.

Mainz 1821.

Bey Florian Kupferberg.

Etwa 15 Beweise stehen im Notizbuch des Londoner Börsenmaklers Henry PERIGAL (1801–1898), zwei seiner selbst gefundenen Beweise wurden 1873 veröffentlicht [26]. Wesentlich eindrucksvoller ist die Sammlung des amerikanischen Mathematiklehrers und Collegeprofessors Elisha Scott LOOMIS (1852–?). In seinem 1940 erschienenen Buch [25] finden sich ca. 370 Beweise, die er zudem noch analysierte und klassifizierte.

3.1 Dem ersten Beweis auf der Spur

Die Aussage dieses Lehrsatzes war lange vor der Zeit des Pythagoras bekannt. Daher verwundert es schon, dass der Lehrsatz dann ausgerechnet nach Pythagoras benannt wurde. Hier kommt einem das gängige Bonmot in den Sinn: Die Tatsache, dass ein Lehrsatz in der Mathematik nach einer bestimmten Person benannt ist, gibt ein sicheres Indiz dafür ab, dass diese Person nichts damit zu tun hatte. Diese Auslegung trifft hier wohl nicht zu, Pythagoras, oder genauer gesagt seine Schule, hat schon etwas mit diesem Lehrsatz zu tun.

Den Pythagoreern wird nämlich ein erster Beweis dieses Lehrsatzes zugeschrieben. Allerdings ist der Beweis nicht überliefert, so dass sich lediglich Spekulationen über seine Art anstellen lassen. In dem 1870 erschienenen Buch *Die Geometrie und die Geometer vor Euklides* [8] vermutet der Gymnasialprofessor Carl Anton BRETSCHNEIDER (1808 – 1878) aus Gotha, dass der Beweis durch ein vergleichendes Betrachten der nebenstehenden Figuren geführt wurde.

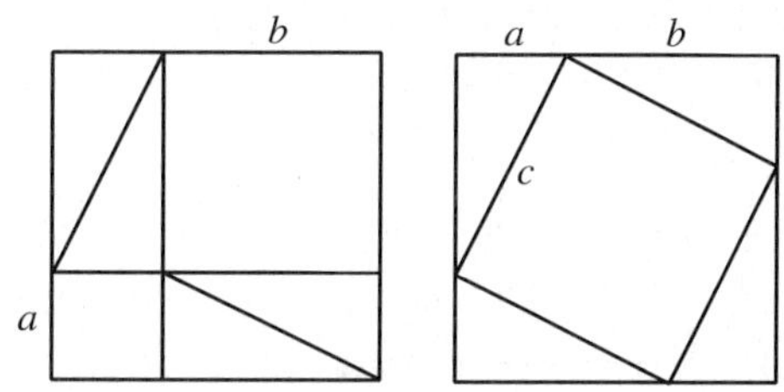

Bretschneider nennt aber weder eine antike noch eine zeitgenössische Quelle. Es handelt sich hierbei um einen sog. *Ergänzungsbeweis*. Die beiden Quadrate mit den Seitenlängen a bzw. b sowie das Hypotenusenquadrat (Seitenlänge c) werden durch Hinzufügen von je vier kongruenten rechtwinkligen Dreiecken (mit den Katheten a, b und der Hypotenuse c) zu jeweils einem Quadrat mit der Seitenlänge $a + b$ ergänzt. Dabei wird die den Pythagoreern bekannte Tatsache verwendet, dass die Innenwinkelsumme im Dreieck 180° beträgt. Somit ist gezeigt: Das Quadrat über der Hypotenuse ist flächengleich der Summe der Flächen der Quadrate über den Katheten.

Waschkies hat nun vor ein paar Jahren Indizien aufgespürt (vgl. [38]), die vermuten lassen, dass eine Begründung gemäß dieser Methode nicht erst von den Pythagoreern geleistet wurde, sondern bereits in vorgriechischer Zeit möglich war. Die Spuren führen zur altindischen bzw. arabischen Mathematik.

Vorschriften zur Herstellung von Altären wurden in Indien in den sog. *Sulbasutras* (d.h. Leitfäden zur Messkunst) schriftlich niedergelegt. Es finden sich hier auch rein geometrische Problemstellungen wie z.B.:

Die Vereinigung von zwei Quadraten mit verschiedenen Ausmaßen zu einem größeren Quadrat zu bewerkstelligen.

Bei der Lösung dieser Aufgabe orientierten sich die Autoren der Sulbasutras eng an einer Variante der von Bretschneider angeführten Figuren.

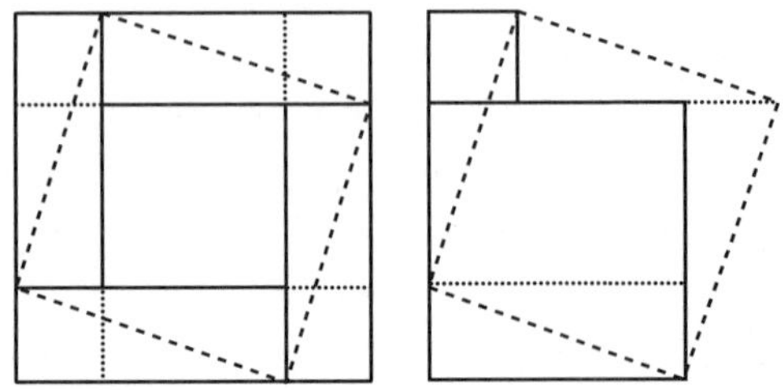

Es ist zwar nicht bekannt, wann diese Leitfäden zur Messkunst erstmals aufgeschrieben wurden. Aus den bei der Beschreibung der Altarkonstruktionen verwendeten Begriffen kann man aber auf eine Datierung vor 450 v.Chr. schließen. Da weiterhin die geometrischen Kenntnisse der alten Inder und der Babylonier auf einen gemeinsamen Ursprung zurückgehen, haben wir einen ersten Anhaltspunkt dafür, dass den Babyloniern die Figuren Bretschneiders oder gewisse Varianten vertraut waren.

Ein weiteres Indiz liefert der muslimische Mathematiker TABIT IBN QURRA (826/27–906), der aus Mesopotamien stammte und in Bagdad wirkte (vgl. 5.4). Er kannte einen Beweis des Lehrsatzes, dem die Figuren des Ergänzungsbeweises zugrunde liegen. Da einige Historiker die begründete Ansicht vertreten, dass die mittelalterliche Mathematik der Araber oftmals direkt an die babylonische Tradition anknüpfte, haben wir wieder eine Spur!

Wie schon gesagt, direkte Belege für eine dieser Beweisvarianten in vorgriechischer Zeit haben wir keine. Aber ganz abwegig ist eine solche Spurensuche sicher nicht.

3.2 Der Beweis aus den Elementen

Der klassische Beweis aus den *Elementen* des Euklid darf natürlich nicht fehlen. Die Beweisfigur (S. 49 oben) ist einem Euklid-Kommentar des bereits erwähnten Tabit ibn Qurra entnommen.

Solchen arabischen Übersetzungen verdanken wir zahlreiche Kenntnisse über Werke der antiken griechischen Mathematik, deren Originale bzw. deren Abschriften in der Originalsprache verschollen sind. Denn in der Spätantike und in der byzantinischen Epoche wurden nahezu nur solche Schriften vervielfältigt, die in den höheren Lehranstalten von Alexandria, Athen und Byzanz Verwendung fanden. Die Auswahl der überlieferten Werke erfolgte somit nach pädagogischen Kriterien. Das große wissenschaftliche Interesse der Araber im ausgehenden achten und neunten Jahrhundert bewahrte glücklicherweise viele Manuskripte mit anspruchsvoller Mathematik vor der Vergessenheit, da in dieser Zeit Hunderte von Schriften aus allen Wissenschaften ins Arabische übersetzt und zum Teil mit Kommentaren versehen wurden. Als dann in der Renaissance das Interesse an der antiken griechischen Mathematik wieder aufflammte, konnte man auf erhaltene arabische Manuskripte zurückgreifen (vgl. [35]).

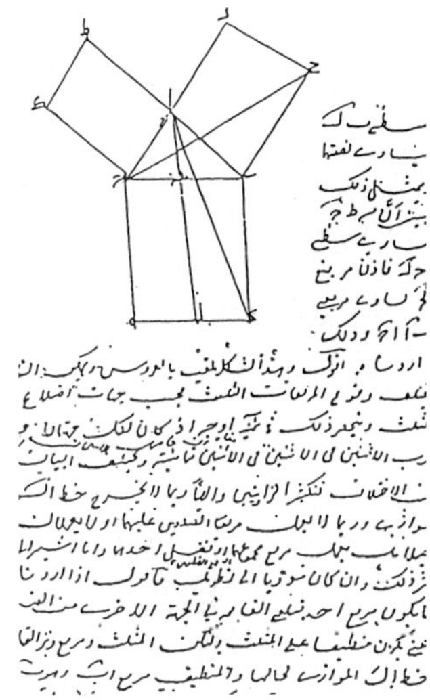

Betrachten wir die Beweisfigur zum Pythagoras genauer. Entscheidend sind die beiden Dreiecke *ACD* und *CHF*. Man kann sich leicht überlegen, dass diese beiden Dreiecke flächengleich sind. Damit ist auch die Flächengleichheit des Kathetenquadrats über [*AC*] und des Rechtecks *CFGH* klar. Analoge Überlegungen am Kathetenquadrat über [*AB*] vervollständigen den Nachweis.

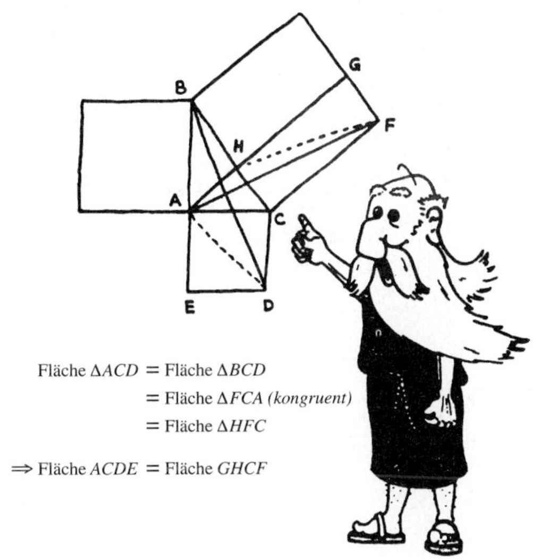

Fläche ΔACD = Fläche ΔBCD
= Fläche ΔFCA *(kongruent)*
= Fläche ΔHFC

$\Rightarrow$ Fläche *ACDE* = Fläche *GHCF*

Die Beweisidee ist somit klar und nachvollziehbar. Aber nicht alle Geometriebücher zu Loomis Zeit bringen diesen Beweis. Er kritisiert sie mit den Worten:

> „Das Weglassen von Euklids Beweis ist so, als ob man Shakespeares *Hamlet* ohne den Hamlet spielen würde."

Bislang haben wir allerdings den euklidischen Beweis nur grob skizziert, gewissermaßen ein *Hamlet* in Kurzfassung. Für interessierte Leser – und um Herrn Loomis zufriedenzustellen – folgt jetzt eine ausführliche Darstellung des Beweises (vgl. [13], S. 32):

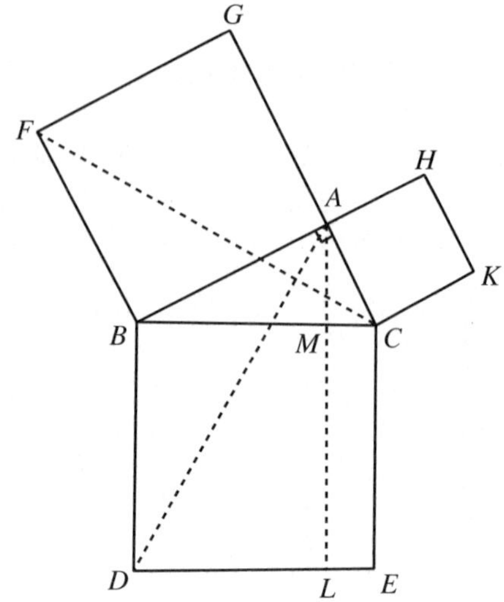

Sei ABC ein rechtwinkliges Dreieck mit dem rechten Winkel $\sphericalangle BAC$. Über $[BC]$ konstruieren wir das Quadrat $BDEC$, über $[BA]$ bzw. $[AC]$ die Quadrate $BAGF$ bzw. $ACKH$. Durch A zeichnen wir die Parallele AL zu BD und verbinden die Punkte A und D sowie F und C.

Wegen $\sphericalangle BAC + \sphericalangle BAG = 180°$ ist $[AG]$ die Verlängerung von $[CA]$, und aus $\sphericalangle DBC = \sphericalangle ABF$ folgt: $\sphericalangle DBA = \sphericalangle CBF$.

Da außerdem $\overline{BA} = \overline{BF}$ und $\overline{BD} = \overline{BC}$ ist, gilt:

$$\Delta DBA \cong \Delta CBF \text{ (sws).}$$

Aufgrund von Proposition 41 haben wir die Gleichungen:

$$\mathcal{A}\,(\text{Rechteck } DBML) = 2 \cdot \mathcal{A}\,(\Delta DBA),$$
$$\mathcal{A}\,(\text{Quadrat } ABFG) = 2 \cdot \mathcal{A}\,(\Delta CBF).$$

Daher gilt:

$$\mathcal{A}\,(\text{Rechteck } DBML) = \mathcal{A}\,(\text{Quadrat } ABFG) \tag{3.1}$$

Analog zeigen wir, dass

$$\mathcal{A}\,(\text{Rechteck } ECML) = \mathcal{A}\,(\text{Quadrat } ACKH). \tag{3.2}$$

Aus (3.1) und (3.2) folgt die Behauptung. □

Anmerkung: Proposition 41 lautet:
Wenn ein Parallelogramm und ein Dreieck dieselbe Grundlinie besitzen und zwischen denselben Parallelen liegen, dann hat das Parallelogramm die doppelte Fläche wie das Dreieck.

3.3 Arthur Schopenhauer

Aber dieser euklidische Beweis hatte nicht nur Freunde. Gar keinen Gefallen an ihm hat der Philosoph Arthur SCHOPENHAUER (1788–1860) gefunden. In seinem Werk *Die Welt als Wille und Vorstellung* [30] schreibt er:

> „Ebenso lehrt der Pythagorische Lehrsatz uns eine qualitas occulta des rechtwinkligen Dreiecks kennen: des Eukleides stelzbeiniger, ja, hinterlistiger Beweis verläßt uns beim Warum, und beistehende, schon bekannte, einfache Figur gibt auf einen Blick weit mehr, als jener Beweis, Einsicht in die Sache und innere feste Ueberzeugung von jener Notwendigkeit und von der Abhängigkeit jener Eigenschaft vom rechten Winkel."

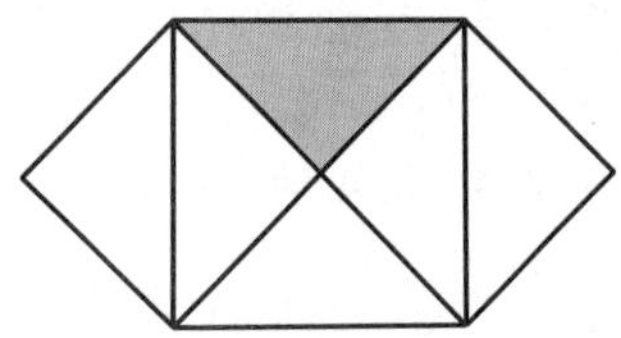

Arthur Schopenhauer

Schopenhauer vermisst die Anschaulichkeit im Beweis. Er wirft bereits in seiner Dissertation *Über die vierfache Wurzel des Satzes vom zureichenden Grunde* (1813) den Geometern vor, dass sie sich zwar bei den Axiomen auf die Anschauung berufen, aber nicht bei den Lehrsätzen. Ein Beweis, bei dem in eine vorliegende Figur zunächst „willkürlich" Hilfslinien eingefügt und dann aus den neuen Teilfiguren Schlüsse gezogen werden, ist ihm äußerst suspekt.

> „Oft werden, wie im Pythagoräischen Lehrsatz, Linien gezogen, ohne daß man weiß, warum. Hinterher zeigt sich, daß es Schlingen waren, die sich unerwartet zuziehen und den assensus des Lernenden gefangen nehmen, der nun verwundert zugeben muß, was ihm seinem innern Zusammenhange nach völlig unbegreiflich bleibt etc."

Schopenhauer stellt die bewährte und oft verwendete Beweismethode, nämlich mit Hilfslinien zu arbeiten, an den Pranger. Für ihn fallen diese Linien „vom Himmel", er vermisst den zwingenden Grund, warum gerade diese Linien verwendet werden und keine anderen. Es fehlt ihm der innere Zusammenhang zwischen der zu beweisenden Aussage und den gewählten Hilfslinien.

> „... Daher kommt es, daß man nach so einer geometrischen Demonstration zwar die Überzeugung hat, daß der demonstrierte Satz wahr sei, aber keineswegs einsieht, warum was er behauptet so ist, wie es ist ([29]).“

Ein solcher Beweis vermittelt nach Schopenhauer nur den *Erkenntnisgrund,* nämlich, dass es so ist, aber nicht den *Seinsgrund,* warum es so ist. Es bleibt eine unbefriedigende Situation, denn gerade an der Klärung der Ursache, des Seinsgrunds, besteht für den ernsthaft Interessierten ein Bedürfnis. Eine solche Einsicht kann für Schopenhauer nur die Anschauung vermitteln. Er schreibt weiter ([29]):

> „Die Empfindung dabei hat Ähnlichkeit mit der, die es uns giebt, wenn man uns etwas aus der Tasche, oder in die Tasche, gespielt hat, und wir nicht begreifen wie.“

Schopenhauer lässt kein gutes Haar an der Mathematik. In seinem Zorn und in seiner Frustration zitiert er den Physiker und geistreichen Spötter Georg Christoph Lichtenberg:

> „Es ist fast mit der Mathematik wie mit der Theologie. So wie die der letztern Beflissenen, zumal wenn sie in Ämtern stehen, Anspruch auf einen besondern Kredit von Heiligkeit und eine nähere Verwandtschaft mit Gott machen, obgleich sehr viele darunter wahre Taugenichtse sind, so verlangt sehr oft der sogenannte Mathematiker für einen tiefen Denker gehalten zu werden, ob es gleich darunter die größten Plunderköpfe gibt, die man nur finden kann, untauglich zu irgendeinem Geschäft, das Nachdenken erfordert, wenn es nicht unmittelbar durch jene leichte Verbindung von Zeichen geschehen kann, die mehr das Werk der Routine, als des Denkens sind.“

Aber hier zitiert Schopenhauer bewusst unvollständig, und das wurde ihm später sehr übel genommen. Denn Lichtenbergs Spott zielt nicht auf die Mathematik, sondern auf ganz bestimmte Mathematiker. Der von Schopenhauer weggelassene erste Satz des Zitats lautet nämlich:

> „Die Mathematik ist eine gar herrliche Wissenschaft, aber die Mathematiker taugen oft den Henker nicht.“

Im Visier seines Spotts hat Lichtenberg zeitgenössische Mathematiker, die vor lauter aufgeblähtem Formalismus die Kreativität „vergaßen“. Im Unterschied zu dieser scharfen Kritik war er dagegen im persönlichen Umgang „fast bis zur Schüchternheit höflich“.

Das Porträt von Johann Ludwig Strecker aus dem Jahr 1780 gefiel Lichtenberg überhaupt nicht. Er meinte, es „müßte drunter stehen in doloribus pictus (in Schmerzen gemalt); denn ich hatte damals zwei böse Finger und daher rühren die viel zu viel geschlossenen Augen. Ich sehe den Leuten offner ins Gesicht als auf dem Gemälde“.

Georg Christoph Lichtenberg

Die Augen bildeten ein besonderes Merkmal des ansonsten von der Natur nicht gerade mit Schönheit reichlich ausgestatteten Lichtenberg. Ein Zeitgenosse beschreibt ihn als „einen unansehnlichen Mann, klein, höckericht, krumm an den Füßen, mit einem sehr dicken Kopf, aber lebhaften Augen und feurigem Temperament“. Die nebenstehende Karikatur von G.H.W. Blumenbach bestätigt diese Beschreibung.

Im Unterschied zu Lichtenberg ist es für Schopenhauer allerdings die Mathematik insgesamt, die den Henker nicht taugt. Fehlende Veranschaulichung hindert ihn daran, Einsicht in mathematische Zusammenhänge zu erhalten.

> „Daß man aber in der Geometrie nur strebt convictio [= Überführung, Einschließung] zu wirken, welche, wie gesagt, einen unangenehmen Eindruck macht, nicht aber Einsicht in den Grund des Seyns, die, wie jede Einsicht, befriedigt und erfreut; dies möchte nebst anderm ein Grund seyn, warum manche sonst vortreffliche Köpfe Abneigung gegen Mathematik haben ([29]).“

Im nächsten Absatz kommt er nochmals auf die untenstehende Figur zurück, und er schreibt:

> „Ich kann mich nicht entbrechen, nochmals die, schon an einem andern Orte gegebene Figur herzusetzen, deren bloßer Anblick, ohne alles Gerede von der Wahrheit des Pythagorischen Lehrsatzes zwanzig Mal mehr Ueberzeugung giebt, als der Euklidische Mausefallenbeweis ([29]).“

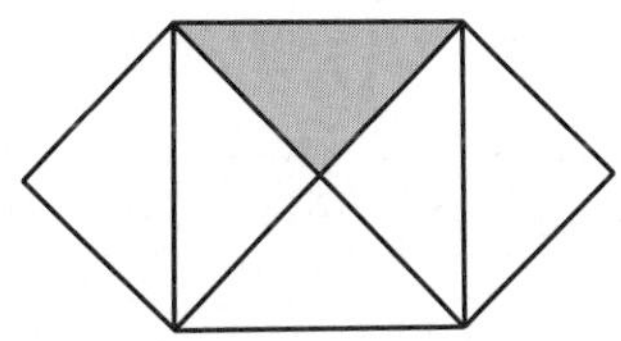

Natürlich erkennt Schopenhauer, dass diese Figur nur den Beweis für den Spezialfall des gleichschenklig rechtwinkligen Dreiecks beinhaltet. Für den allgemeinen Fall kennt er aber keinen Beweis, sondern er drückt nur die Hoffnung aus:

> „Auch bei ungleichen Katheten muß es sich zu einer solchen anschaulichen Überzeugung bringen lassen, wie überhaupt bei jeder möglichen geometrischen Wahrheit, schon deshalb, weil ihre Auffindung allemal von einer solchen angeschauten Notwendigkeit ausging und der Beweis erst hinterher dazu ersonnen ward: man bedarf also nur einer Analyse des Gedankenganges bei der ersten Auffindung einer geometrischen Wahrheit, um ihre Nothwendigkeit anschaulich zu erkennen ([30])."

3.4 Alexis-Claude Clairaut

Eine solche „anschauliche Überzeugung" gibt es, aber nicht in den *Elementen* des Euklid. Schopenhauer stand wohl nicht die entsprechende Literatur zur Verfügung. Im Jahr 1741, also ca. 80 Jahre vor seiner *Welt als Wille und Vorstellung*, erschien ein Lehrbuch der Elementargeometrie [9], das total mit der euklidischen Tradition brach.

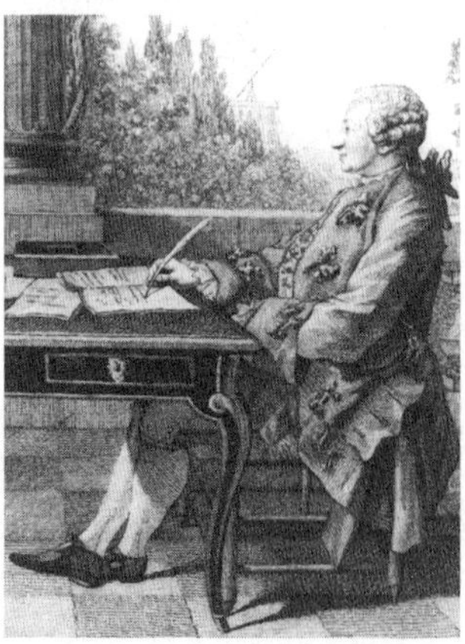

Alexis-Claude Clairaut

Autor dieser *Elémens de Géométrie* (deutsche Übersetzung [9]) war Alexis-Claude CLAIRAUT (1713–1765). Er lehnt es ab, die Lernenden mit fertigen Lehrsätzen zu konfrontieren, die erst im Nachhinein bewiesen werden. Sein Ziel ist es, Anregungen zum Erfinden, zum Entdecken zu geben.

> „... ich meyne, den Verstand zum Nachforschen und zum Entdecken zu gewöhnen: denn ich vermeide sorgfältig, einen einzigen Satz unter der Gestalt eines Lehrsatzes vorzubringen, nämlich, von derjenigen Beschaffenheit, da bewiesen wird, daß eine Wahrheit ist, ohne zu zeigen, wie man dahin gelanget ist, sie zu entdecken ... Solchergestalt bemerken die Anfänger bey jedwedem Schritte, den man sie thun lässet, den Bewegungsgrund des Erfinders: Und hierdurch erlangen sie desto leichter den Trieb zum Erfinden ([9])."

Nach Clairaut spielt nicht die Vermittlung von Ergebnissen, sondern es spielen die Überlegungen, die zu den Ergebnissen führen, die zentrale Rolle. Er knüpft bei seinen Vorschlägen zur Einführung in die Geometrie an konkrete Tätigkeiten an, er möchte „die Anfänger interessieren und belehren". Dazu schlägt er einen pseudohistorischen Weg ein.

> „Ich habe bey mir gedacht, es müsse doch diese Wissenschaft, wie alle andere, nach und nach entstanden seyn... und es könne dieser erste Fortgang unmöglich über den Verstand der Anfänger seyn, weil es ja Anfänger waren, welche ihn machten."

Die Lösungen der Probleme werden nicht sofort in voller Allgemeinheit vorgeführt, sondern schrittweise entwickelt und motiviert. Wir bezeichnen heute eine solche Darstellung als heuristisch-genetisch.

Der Zugang zum Lehrsatz des Pythagoras erfolgt bei Clairaut über das Problem, aus zwei gegebenen Quadraten ein einziges flächengleiches zu erzeugen. Er beginnt – wie Schopenhauer – mit einem Spezialfall:

Zwei gleich große Quadrate sind gegeben. Diese werden durch je eine Diagonale in flächengleiche Dreiecke zerlegt. Geeignet zusammengesetzt ergeben diese Dreiecke ein Quadrat. Auf dieser Stufe wird rein anschaulich gearbeitet, ohne strengen Beweis. (Anm.: Diese Vorgehensweise findet sich bereits auf Tontafeln der Babylonier.)

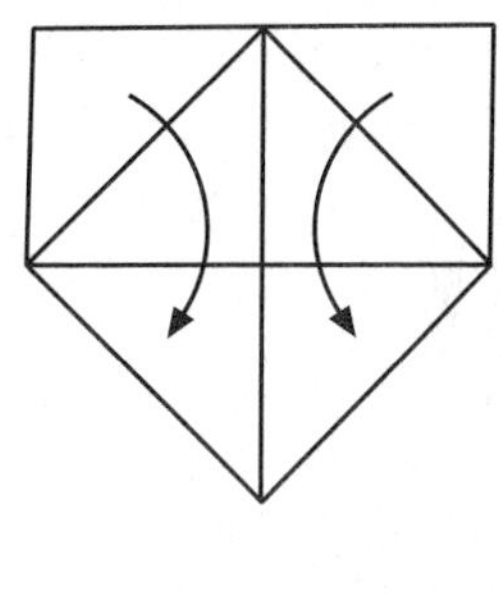

Nun sind zwei unterschiedlich große Quadrate mit den Seitenlängen a, b $(a > b)$ gegeben. Folgt man direkt dem „Geist" der vorhergehenden Methode, so erhält man eine Figur, die sich nicht schließt.

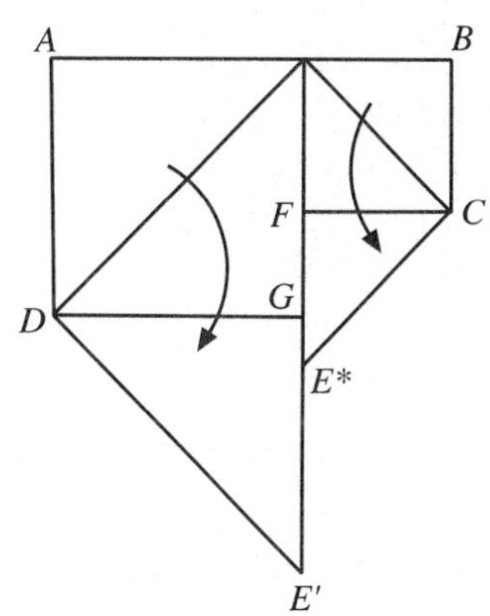

Um eine geschlossene Figur analog zum Spezialfall der kongruenten Ausgangsquadrate zu erhalten, muss man versuchen, auf $[AB]$ einen Punkt H so zu finden, dass sich die Dreiecke DHA bzw. HCB bei Drehung um 90° um D bzw. C (im bzw. entgegen dem Uhrzeigersinn) auf der Verlängerung der gemeinsamen Quadratseite in einer „Spitze" $E = E^* = E'$ berühren.

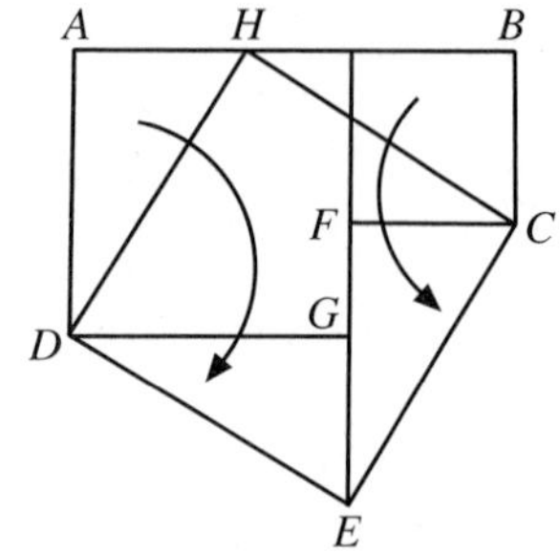

Es muss also gelten: $\overline{FE} = \overline{FG} + \overline{GE}$
bzw. $\overline{HB} = (a-b) + \overline{AH}.$ $(*)$

Wegen $\overline{AH} + \overline{HB} = a + b$ folgt aus $(*)$:

$$a + b - \overline{AH} = a - b + \overline{AH},$$

und somit ist $\overline{AH} = b$.

D.h. H erhält man, indem man von A aus die kürzere Quadratseite auf der längeren abträgt.

Aufgrund der Kongruenz der Dreiecke DHA bzw. HCB sowie der Gleichheit der Wechselwinkel an parallelen Geraden ist das Viereck $DECH$ ein Quadrat. Da sich dieses Quadrat aus den gleichen Teilfiguren zusammensetzt wie die beiden kleineren Quadrate, besitzen die beiden kleineren Quadrate denselben Flächeninhalt wie das große Quadrat.

Am Ende seiner Betrachtungen folgert dann Clairaut:

> „... nun entdeckt man leichtlich die so berühmte Eigenschaft des rechtwinkelichten Triangels, daß das Quadrat seiner größten Seite den Quadraten seiner zwo anderen Seiten im Inhalte gleich ist ...Wenn man dahero aus zwey Quadraten eines machen will, so hat man nicht nöthig, sie erst neben einander zu setzen und zu zerstücken. Man darf nur ihre Seiten dergestalt setzen, daß sie einen rechten Winkel zusammen machen ... ([9])."

Eine große Wirkung erzielte Clairaut allerdings nicht. Es klingt ziemlich ernüchternd, wenn 1764 François Marie AROUET (1694–1778), besser bekannt unter dem Namen VOLTAIRE, in seinem *Dictionnaire philosophique* feststellt (vgl. [27]):

„Der verstorbene Herr Clairaut nahm sich vor, die jungen Leute die Grundlagen der Geometrie leicht lernen zu lassen; er wollte zur Quelle zurückkehren und dem Weg unserer Entdeckungen und unserer Bedürfnisse folgen, die jene hervorgebracht haben. Diese Methode schien annehmbar und nützlich zu sein; aber man folgt ihr nicht: Sie erfordert im Lehrer eine Flexibilität des Geistes, der sich den jeweiligen Bedingungen anpassen kann, und eine seltene Anmut in jenen, die der Routine ihres Berufes nachgehen."

Voltaire

Clairaut selbst war ein mathematischer Senkrechtstarter. Gefördert durch seinen Vater, einen Mathematiklehrer aus Paris, schrieb er bereits im Alter von 12 Jahren einen Aufsatz über Kurven dritter Ordnung. Mit 17 Jahren verfasste er eine weitere vielbeachtete Abhandlung. Aufgrund dieser Arbeiten wurde er 1731 als Achtzehnjähriger in die Französische Akademie der Wissenschaften aufgenommen. Da das Mindestalter 20 Jahre betrug, musste der König eine Ausnahmegenehmigung erteilen, ein bis heute einmaliger Vorgang. Neben zahlreichen mathematischen und physikalischen Abhandlungen verfasste Clairaut auch zwei Bücher mit didaktischer Zielsetzung zur Geometrie bzw. zur Algebra (vgl. [27]).

Den Anlass zum Verfassen der *Elémens de Géométrie* soll übrigens Emilie, Marquise du Châtelet (1706–1749) gegeben haben. Sie besuchte Clairaut eine Zeitlang ziemlich oft, um von ihm Geometrie zu lernen, und für sie verfasste er dann seine Einführung. Mit diesem Unterricht bereitete sie sich auf die Übersetzung der *Principia* Isaac Newtons (1643–1727) ins Französische vor. Wie stark Clairaut bei dieser Übersetzung letztendlich mitwirkte, ist allerdings bis heute umstritten. Ohne jeden Zweifel kommt der Marquise das große Verdienst zu, die Ideen Newtons in Frankreich verbreitet zu haben. Angesichts ihrer wissenschaftlichen Kompetenz ist es ungerecht, dass sie in der Literatur oft nur als Freundin Voltaires Erwähnung findet. Seine Verehrung zu ihr fasste er in wohlgesetzte Worte, das Gedicht beginnt mit den Zeilen:

Marquise du Châtelet

„Tu m'appelles à toi, vaste & puissant Génie,
Minerve de la France, immortelle Emilie,
Disciple de Neuton, & de la Vérité.“

Interesse zeigte Clairaut nicht nur an den Wissenschaften, sondern auch am gesellschaftlichen Leben (vgl. [24]):

> „Vivacious by nature, attractive, of average height but well built, Clairaut was successful in society and, it appears, with women.“

An anderer Stelle klingt es deutlicher (vgl. [27]):

> „Unfortunately for the sciences, he gave himself up too much to the general desire and rush to know and make much of him. Engaged for suppers and evening entertainments, carried away by a keen taste for the society of women, and wishing to ally pleasure to his ordinary work, he lost rest, health, and at length his life at the end of fifty-three, although his excellent physical constitution had appeared to promise a much longer career.“

Die Clairaut'sche Flächenaufteilung zum Beweis des Lehrsatzes des Pythagoras blieb allerdings nicht nur für Schopenhauer unbekannt. Im Jahr 1873 veröffentlichte der Londoner Börsenmakler und Hobbymathematiker Henry Perigal einen Beweis [26], der auf dieser Idee beruht. Aber weder Clairaut noch Perigal sind die Urheber dieser Überlegung. Sie war schon über 900 Jahre vorher bekannt, denn man findet sie bereits in den Schriften des muslimischen Gelehrten Tabit ibn Qurra (vgl. auch Abschnitt 5.4).

3.5 Zwei weitere Zerlegungsbeweise

Von Perigal selbst stammt ein weiterer Zerlegungsbeweis, und zwar aus dem Jahr 1830. Dieser Hobbymathematiker hat viele Jahre seines Lebens der Lösung geometrischer Probleme mit Hilfe geeigneter Zerlegungen gewidmet [26]. Er verrät uns auch seine Arbeitsmethode, die ihn zu seinen Entdeckungen führte: Zeichnungen auf kariertem Papier erleichterten es ihm, seine Zerlegungen zu finden.

Man betrachtet in der Pythagoras-Konfiguration das größere der beiden Kathetenquadrate und zeichnet durch dessen Mittelpunkt eine Parallele und eine Senkrechte zur Hypotenuse. Es entstehen vier kongruente Vierecke.

Diese Vierecke werden so in das Hypotenusenquadrat gelegt, dass die Ecken, die am Mittelpunkt des Kathetenquadrats zusammentreffen, auf die Ecken des Hypotenusenquadrats zu liegen kommen. Es bleibt eine Lücke übrig, in die genau das kleinere Kathetenquadrat hineinpasst. Aufgabe des Lesers ist es nun, sowohl einen geometrischen als auch einen algebraischen Beweis zu führen. Auch lohnt es sich darüber nachzudenken, ob man unbedingt den Mittelpunkt des Kathetenquadrats für die Zerlegung wählen muss.

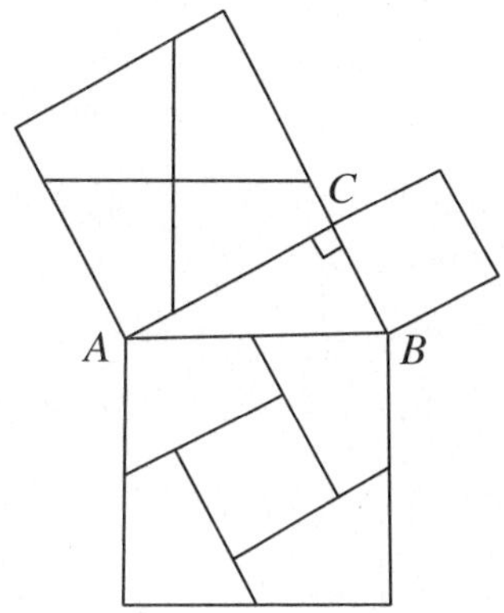

Der nächste Zerlegungsbeweis eignet sich m.E. besonders für den Schulunterricht, da sich mit ihm die Kongruenzsätze für Dreiecke einüben bzw. wiederholen lassen.

Wir starten wieder mit der üblichen Pythagoraskonfiguration. Das Hypotenusen- und das kleinere Kathetenquadrat werden nach innen geklappt. Anschließend wird von der Ecke des Hypotenusenquadrats, die außerhalb der Kathetenquadrate liegt, das Lot auf die Verlängerung der kürzeren Kathete gefällt.

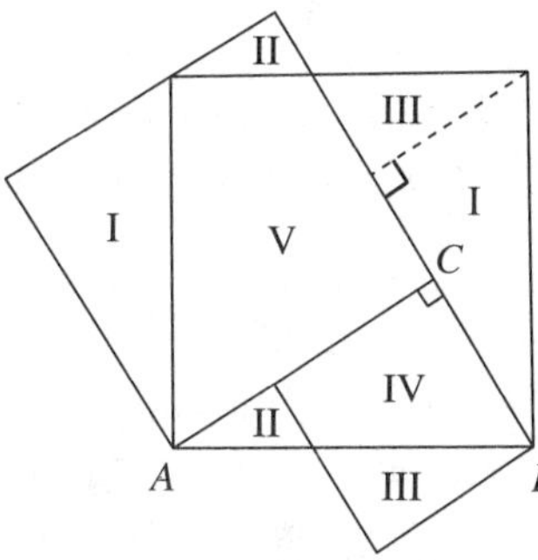

Die mit gleichen Nummern versehenen Dreiecke sind kongruent. Damit lässt sich zeigen, dass das Hypotenusenquadrat und die beiden Kathetenquadrate in inhaltsgleiche Teilflächen zerlegt sind.

3.6 Leonardo da Vinci

Erfolge bei Damen hatte anscheinend Alexis-Claude Clairaut (vgl. 3.4). Erfolgreich, insbesondere mit einer bestimmten Dame, war der nächste Vertreter in der Galerie der Prominenten, LEONARDO DA VINCI (1452–1519).

Das angeblich hintergründige Lächeln seiner *Mona Lisa* gab schon des Öfteren Anlass zu Spekulationen. Man sollte aber dieses nicht allzu ernst nehmen. Vielleicht amüsiert sich die Dame lediglich über die hartnäckigen Versuche, in

Leonardo da Vinci und Mona Lisa

ihr Bildnis den Goldenen Schnitt hineinzuinterpretieren (vgl. [6]). Dass Leonardo dieses Teilverhältnis kannte, steht außer Frage. Schließlich illustrierte er das 1509 erschienene Buch *De divina proportione* seines Freundes LUCA PACIOLI (ca. 1445–1517).

Aber Leonardo befasste sich nicht nur mit seiner Mona Lisa und der Konstruktion von raffinierten Maschinen [18], auch er wurde von der Pythagoras-Thematik angezogen. Sein Beweis basiert auf nebenstehender Abbildung:

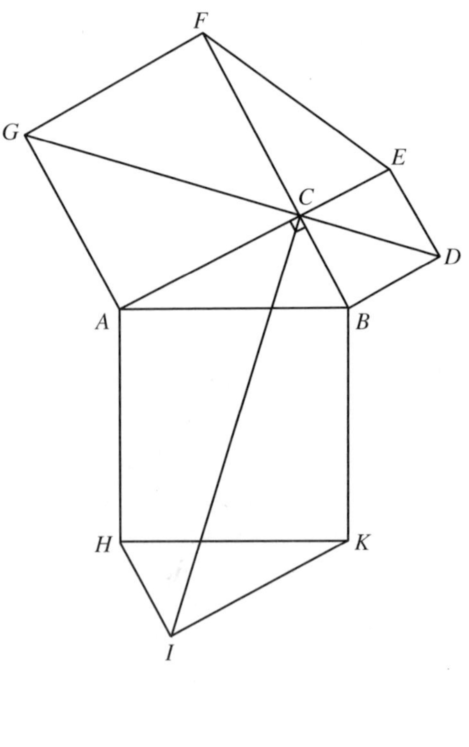

Die übliche Pythagoraskonfiguration wird hier erweitert, indem das rechtwinklige Ausgangsdreieck noch zweimal angefügt wird. Das Einzeichnen der Hilfslinien GD bzw. CI macht die Beweisidee offenkundig: Zu zeigen ist die Flächengleichheit der Sechsecke $ABDEFG$ und $AHIKBC$. Dieser Nachweis bleibt dem Leser überlassen.

3.7 Nochmals Euklid – diesmal als Gedicht

Gedichten zur Pythagoras-Thematik sind wir bereits in Abschnitt 2.1 begegnet. Dem dänischen Schriftsteller und Märchendichter Hans Christian ANDERSEN (1805–1875) geht es aber im Unterschied zu den bisher betrachteten Gedichten nicht um die Entstehungsgeschichte des Lehrsatzes, sondern sein Anliegen ist der Beweis selbst, den er 1831 in Reimform zu Papier brachte. Beim Lesen fällt sofort auf, dass wir mit der beschriebenen Vorgehensweise bereits vertraut sind. Es handelt sich nämlich um den Beweis aus den *Elementen* des Euklid, den wir in 3.2 kennen gelernt haben und über den Schopenhauer so sehr lästerte (vgl. 3.3). Die vorliegende deutsche Fassung verdanken wir Benno Artmann und Lis Brack ([2]).

DER FORMEN EWIGE MAGIE
(Eine poetische Spiegelfechterei)

Ob Kuchen oder Kuchenform
In dieser Welt
Die Hauptsach' sind, das lassen wir beiseite.
Ich bringe hier – nur grade aus dem Stand –
Ich bring hier einen kleinen Rahmen
Zu dem, was ich geschrieben und poetisch fand.
Vielleicht bekommt der Rahmen höh'ren Wert
Und trifft ins Herz der Poesie
Denn sein ist ja der *Formen ewige Magie*.

Wer bislang jedes Werk von mir verwarf,
Das ich hervorgebracht, der urteilt scharf,
Dem wird vielleicht mein Rahmen doch gefallen,
Wenn dieser in die rechte Form gezimmert ist.
Der trocknen Prosa will ich's abgewinnen,
Bis schließlich Stroh zu Gold gesponnen ist.
Das grade Gegenteil der Poesie,
Teurer Magister Matheseos der Geometrie,
Ich reiß es hier aufs Brett –
Schaut her! Ein jeder aufgepaßt!
Das Dreieck *ABC* ist hier gegeben,
Rechtwinklig, und mit allen drei Quadraten.
Zu zeigen ist, ob zwei Krabate,

Das heißt, Quadrate der Katheten,
AC, BC sein sie genannt,
Ganz gleich sind dem Krabat,
Der Hypotenuse zum Quadrat.

Nun wollen wir uns vorbereiten.
Lotrecht wird ein Strich gezogen
Hinunter zu den großen Seiten
Bis hin zu *K*, so daß man findet
AB Quadrat ganz ohne Mangel
Gut eingeteilt in zwei Rectangel.
AK, BK sind sie genannt.
(Zwei Geraden sind, wie wohlbekannt,
Ganz parallel in diesem Rahmen,
Wenn sie zur dritten senkrecht stehn,
Das hat man immer schon gesehn.)
Nun ziehe noch *AG, CI,*
Die Vorbereitung – gut ist sie!

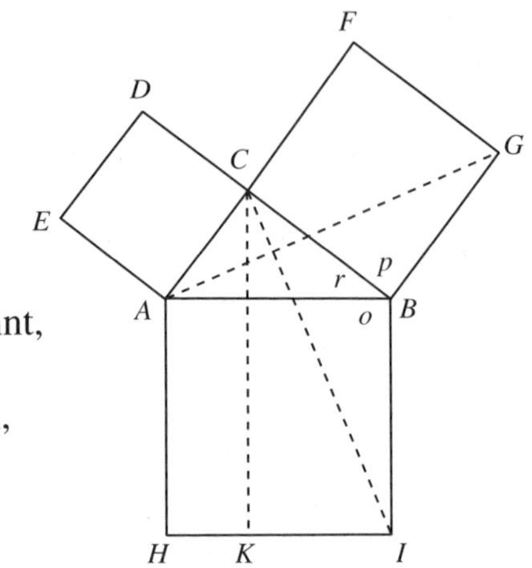

Nun, Meister, droh nicht mit dem Reis,
Denn jetzt, fürwahr, geht's zum Beweis.
Hier haben wir das Dreieck *ABG*
Und *CBI* – ob ich die Gleichheit seh?
Der Winkel *p* gleich Winkel *o*,
Sind beide recht, das seh ich so:
Sie beide sitzen in Quadraten.
Und *r* gleich *r*, da sind wir gut beraten,
Gleiches zu Gleichem, das wird gleich.
(Das ist ein Grundsatz der Vernunft:
Ein jedes ist sich selber gleich.)
Also ist *r* plus *p* gleich *r* plus *o*,
Das Bild zeigt klar, was man gemacht.
Jetzt aber geht's dem Ende zu.
Nur wenig Schritte mehr. Die Winkel,
Sie sind schon gleich, es fehlen noch die Seiten.
AB gleicht *BI, BG* gleicht *BC*
(Weil im Quadrat sich Seiten gleichen).
Deshalb – so wahr wie drei gleich drei –
(Zwei Seiten und ein Winkel sollen reichen)

Ist Dreieck eins gleich Dreieck zwei.
Das war kein blinder Treffer!
Denn *ABG* ist halb *BF*
Paß auf!
Und *CBI* ist halb BK
(Gleich gilt für Gleiches, das liegt nah)
Gleich ist Divisor, gleich ist Dividend,
Gleich ist also auch der Quotient.
Auf selbem Wege steht es da:
Quadrat *AD* ist gleich *AK*.
Nun hast du in der Hand,
Wie PYTHAGORAS die Lösung fand.

Gelöst, gefaßt – du große Zauberei!
Dem Himmel Dank – das ist vorbei!
Doch dieser Vers ist keine Narretei.
Es klingt wohl so, als wäre nichts dabei,
Doch gab es hier Vernunft und Form-Magie.
(Das ist's, was ich erstrebte.
Denn diese Form ist wenigstens befreit
Von aller Harmonien Widerstreit,
Die sonst im trüben Moder lebte.)
Vernunft und Form sind jetzt vereint in Poesie,
Hier steht der Formen ewige Magie.

3.8 James Abram Garfield

Einen algebraischen Beweis verdanken wir James Abram GARFIELD (1831–1881), dem 20. Präsidenten der Vereinigten Staaten. Geboren wurde er in einer Holzhütte, die in der Nähe von Cleveland im Staat Ohio stand. Neben der Schule musste er schon als Jugendlicher Geld verdienen, um seine verwitwete Mutter zu unterstützen. 1856 schloss er sein Studium am Williams College in Massachusetts ab und ging als Mathematiklehrer zurück nach Ohio an das Hiram College. Drei Jahre später wurde er Mitglied des Senats von Ohio.

James Abram Garfield

Bei Ausbruch des nordamerikanischen Bürgerkriegs im Jahr 1861 meldete Garfield sich freiwillig für den Dienst in der Armee der Nordstaaten und stieg schnell auf bis zum General. Es drängte ihn aber in die Politik. Noch während des Krieges wurde er 1863 für die Republikaner in den Kongress gewählt. 1880 wurde er Senator von Ohio, nahm aber nie seinen Platz im Senat ein, da er für die Präsidentschaft nominiert wurde. Das Präsidentenamt trat er am 4. März 1881 an. Letztendlich meinte es das Schicksal aber doch nicht gut mit ihm. Am 2. Juli 1881 wurde er im Bahnhof von Washington niedergeschossen. Der Täter war ein gewisser Charles J. GUITEAU, der sich erfolglos um einen Posten im Präsidentenbüro beworben hatte. Der tödlich verwundete Präsident lebte noch den Sommer über, starb aber schließlich am 19. September 1881.

Im Jahr 1876, als Garfield Kongressabgeordneter war, entdeckte er einen interessanten Beweis des pythagoreischen Lehrsatzes, der im *New England Journal of Education* abgedruckt wurde.

Zwei kongruente rechtwinklige Dreiecke werden so aneinander gesetzt, dass zwei unterschiedliche Katheten auf einer Geraden liegen (siehe Figur). Wir ergänzen diese Konfiguration zu einem Trapez. Die Idee des Beweises liegt darin, die Fläche des Trapezes auf zwei verschiedene Arten zu berechnen. Einmal mit Hilfe der Formel für den Flächeninhalt des Trapezes, das andere Mal als Summe der Flächeninhalte der drei rechtwinkligen Dreiecke, aus denen sich das Trapez zusammensetzt. Damit erhalten wir:

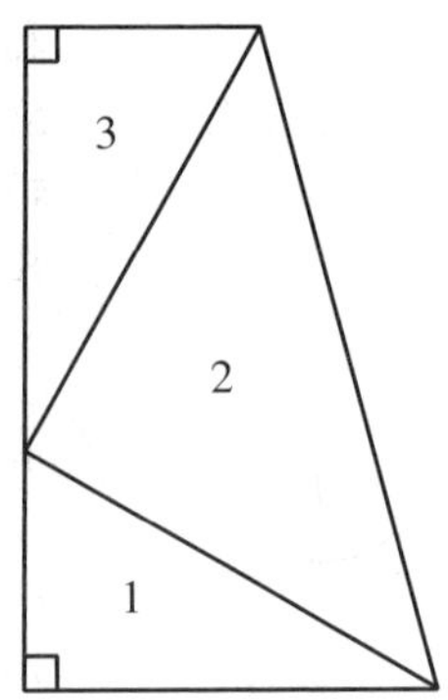

$$\left.\begin{aligned} A_{Tr} &= \frac{a+b}{2}(a+b) &&= \frac{1}{2}(a^2+b^2+2ab) \\ A_{Tr} &= A_{\Delta_1} + A_{\Delta_2} + A_{\Delta_3} &&= \frac{ab}{2} + \frac{c^2}{2} + \frac{ab}{2} \end{aligned}\right\} \Rightarrow c^2 = a^2 + b^2.$$

□

Auf den ersten Blick ist man von Garfields Beweisidee vielleicht verblüfft. Wie kam er wohl auf die Idee, die beiden kongruenten rechtwinkligen Dreiecke auf die gezeigte Art aneinander zu setzen und zu einem Trapez zu ergänzen?

Ein zweiter Blick und (oder) etwas Nachdenken lüften das Geheimnis. So außergewöhnlich wie zunächst angenommen ist dieser Einfall gar nicht. Wir kennen nämlich bereits die Garfield-Konfiguration, genauer gesagt, die Garfield-Konfiguration in einer erweiterten Form. Wir müssen uns nur an den Ergänzungsbeweis erinnern, der nach Bretschneider auf die Pythagoreer zurückgeht. Hier haben wir u.a. das Hypotenusenquadrat betrachtet, das durch vier kongruente rechtwinklige Dreiecke zu einem größeren Quadrat ergänzt wird.

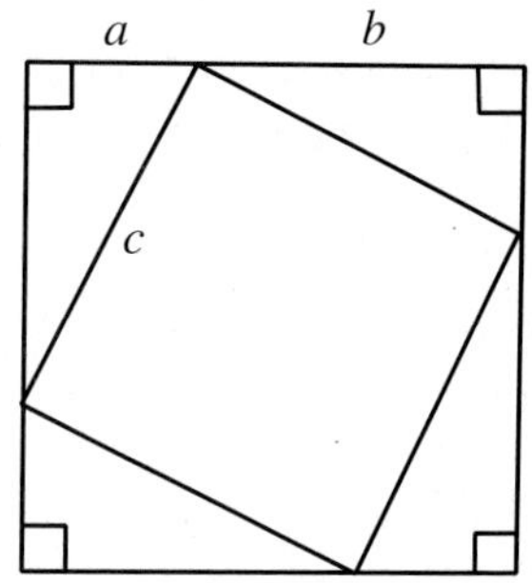

Zeichnen wir in das Hypotenusenquadrat eine Diagonale ein und zerschneiden die Gesamtkonfiguration längs dieser Diagonale, so erhalten wir die Garfield-Konfiguration, und zwar gleich zweimal.

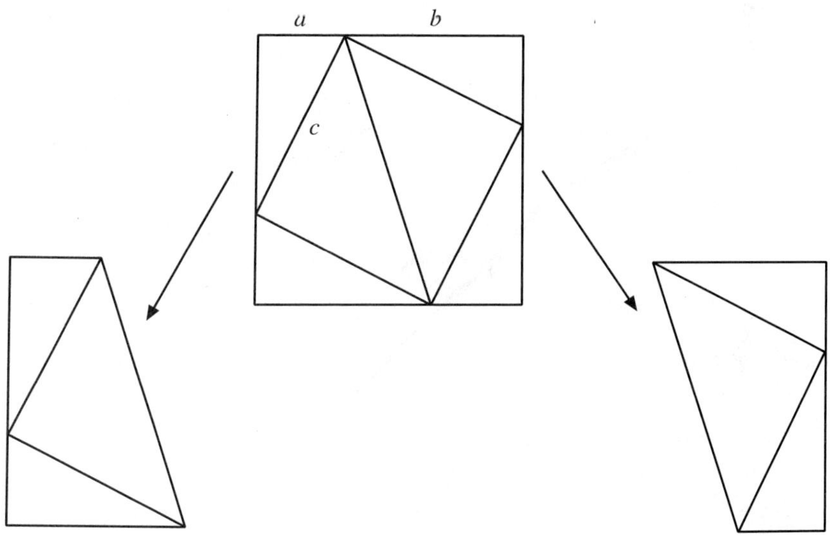

Vielleicht ließ sich Garfield auf die gezeigte Art von dem antiken Beweis inspirieren. Durch seinen andersartigen, konstruktiven Zugang hat er – bewusst oder unbewusst – die Quelle „verschleiert".

Die Garfield-Konfiguration eignet sich aber nicht nur für einen Beweis des Satzes von Pythagoras. Sie liefert auch, geringfügig modifiziert, eine Beweisvariante für das *Additionstheorem der Sinus-Funktion*.

Anstelle der beiden kongruenten rechtwinkligen Dreiecke betrachten wir zwei rechtwinklige Dreiecke mit der Hypotenusenlänge 1 und spitzen Winkeln δ und ε bei A.

Die Fläche der drei Dreiecke ist gleich der Fläche des Trapezes *BCDE*, d.h.

$$A_{\Delta ABC} + A_{\Delta AEB} + A_{\Delta ADE} = A_{Tr}.$$

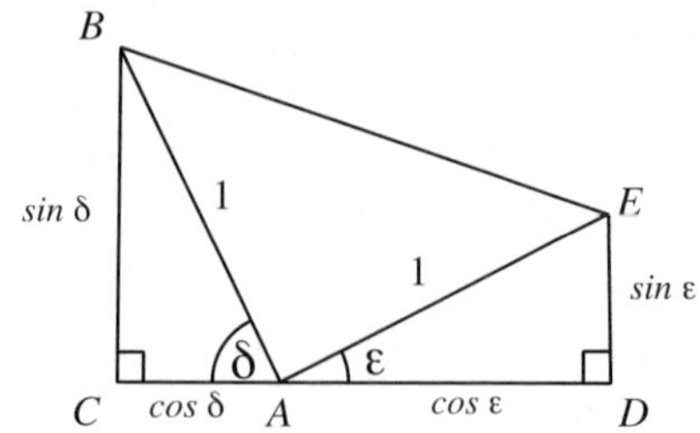

Wegen $\sin(\sphericalangle EAB) = \sin(180° - (\delta + \varepsilon)) = \sin(\delta + \varepsilon)$ erhalten wir:

$$\frac{1}{2}\sin\delta\cos\delta + \frac{1}{2}\sin(\delta+\varepsilon) + \frac{1}{2}\sin\varepsilon\cos\varepsilon = \frac{1}{2}(\cos\delta + \cos\varepsilon)(\sin\delta + \sin\varepsilon).$$

Ausmultiplizieren und vereinfachen liefert das Additionstheorem

$$\sin(\delta + \varepsilon) = \sin\delta\cos\varepsilon + \cos\delta\sin\varepsilon.$$

Garfield war übrigens nicht der einzige amerikanische Präsident, der sich mit Mathematik beschäftigte. Von Abraham LINCOLN (1809–1865) weiß man, dass er sich als Jurastudent, um sein logisches Denkvermögen zu schulen, intensiv mit den *Elementen* des Euklid befasste. In einer autobiographischen Skizze erinnerte er sich später (zitiert nach [12]):

Abraham Lincoln

I said, „Lincoln, you can never make a lawyer if you do not understand what demonstrate means"; and I left my situation in Springfield, went home to my father's house, and stayed there till I could give any proposition in the six books of Euclid at sight. I then found out what 'demonstrate' means, and went back to my law studies.

Zu dieser beachtlichen Leistung kann man Lincoln gratulieren, denn die Bücher I bis VI enthalten eine ansehnliche Anzahl von Propositionen, insgesamt sind es 173.

Garfield und Lincoln hatten dasselbe gewaltsame Ende, sie wurden beide erschossen. Mag dies der Grund sein, warum sich amerikanische Präsidenten nicht mehr mit Mathematik befassen?

3.9 Albert Einstein

Nicht so angetan von den *Elementen* des Euklid wie Abraham Lincoln war Albert EINSTEIN (1879–1955). Seine Abneigung entwickelte er bereits als 11-jähriger Schüler, aber aus anderen Gründen, als man üblicherweise bei Jugendlichen dieser Altersstufe erwarten dürfte. Der junge Albert bekam Privatunterricht in Geometrie durch seinen Onkel Jakob. Grundlage des Unterrichts waren eben die *Elemente*. Albert empfand viele der dort aufgeführten Beweise als unnötig kompliziert, insbesondere den Beweis des Lehrsatzes des Pythagoras (vgl. 3.2). Ihn störten die vielen Hilfslinien. Sein Beweis kommt mit lediglich einer Hilfslinie aus, nämlich der Höhe im rechtwinkligen Dreieck (vgl. [31]).

Albert Einstein

Die Höhe unterteilt das Ausgangsdreieck ABC in zwei ebenfalls rechtwinklige Teildreiecke, die sowohl untereinander als auch jeweils zum Ausgangsdreieck ähnlich sind. Diese Konstellation ist uns vom klassischen Ähnlichkeitsbeweis her vertraut. Albert wählt aber eine andere Vorgehensweise, und zwar argumentiert er mit Flächenverhältnissen. Er verwendet das Ergebnis:

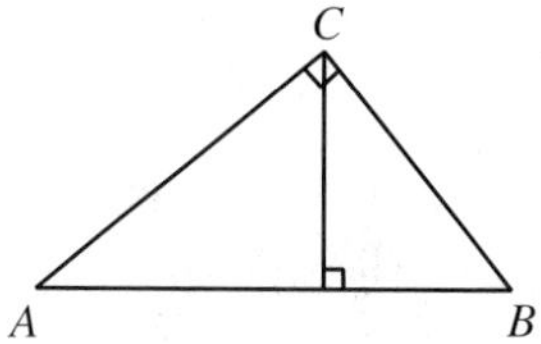

Das Verhältnis der Flächeninhalte zweier ähnlicher Vielecke ist gleich dem Quadrat des Verhältnisses entsprechender Längen in den Vielecken.

Damit folgert er (die Fläche bezeichnet er mit dem Buchstaben E (= Ebene), der Index kennzeichnet die Hypotenuse des jeweils betrachteten rechtwinkligen Dreiecks):

$$\frac{E_a}{E_b} = \left(\frac{a}{b}\right)^2 = \frac{a^2}{b^2}, \quad \frac{E_a}{E_c} = \left(\frac{a}{c}\right)^2 = \frac{a^2}{c^2}, \quad \frac{E_b}{E_c} = \left(\frac{b}{c}\right)^2 = \frac{b^2}{c^2}$$

Für die einzelnen Flächen gilt mit einer Konstanten m $\neq 0$:

$$E_a = ma^2, \quad E_b = mb^2, \quad E_c = mc^2.$$

Weiterhin ersieht man aus obiger Figur:

$$E_a + E_b = E_c\,,$$

$$\text{d.h.}\quad ma^2 + mb^2 = mc^2,$$

$$\text{bzw.}\quad a^2 + b^2 = c^2. \qquad \square$$

Mit dem Namen Einstein verknüpft man in der Regel die Äquivalenz von Energie und Masse. Das von ihm gefundene Ergebnis sagt allgemein aus, dass jeder Form von Energie E eine Masse m zugeordnet ist (und umgekehrt). Die bekannte Formel lautet $E = mc^2$.

Diesen Zusammenhang zwischen Energie und Masse entdeckte Einstein durch seine theoretischen Betrachtungen. Die physikalische und technische Realisierung erfolgte erst später. Blicken wir zurück zu seinem Beweis des Pythagoras, so lässt sich eine formale Übereinstimmung der Formeln nicht übersehen! Jetzt kommt man ins Grübeln!

Hat die bekannte Gesetzmäßigkeit etwa ihre Wurzeln in Einsteins geometrischer Ausbildung in seiner frühen Jugend? Sind die theoretischen Betrachtungen, die zur Entdeckung der Äquivalenz von Energie und Masse führten, doch in anderer Weise verlaufen als bislang angenommen? Ein Blick an die Wandtafel in Einsteins Arbeitszimmer enthüllt Sensationelles:

Einstein kurz vor der Entdeckung der berühmten Formel

4

Begegnungen einer besonderen Art

BEGEGNUNG: *Treffen, Zusammentreffen;* < auch > *sportlicher Wettkampf;* eine unangenehme, zufällige, erfreuliche ~ [Wahrig: Deutsches Wörterbuch]

Begegnung bedeutet also ein Zusammentreffen, und dabei denken wir zunächst an ein Zusammentreffen von Menschen. Bestimmte Personen haben sich tatsächlich getroffen oder auch nur in unserer Vorstellung, weil sich diese Menschen persönlich nie begegnet sind. Vielleicht liegen sogar Jahrzehnte oder Jahrhunderte zwischen den Lebensdaten dieser Personen, sie konnten daher nie zusammentreffen. Solche Begegnungen sich vorzustellen und auszugestalten bzw. über ihre Konsequenzen nachzudenken kann ein reizvolles Gedankenspiel sein. Anstelle von Menschen können sich auch deren „geistige Produkte", ihre Ideen, ihre wissenschaftlichen Werke begegnen. Auf dieser Ebene läuft oftmals wissenschaftliches Arbeiten ab. Eigene Ideen werden mit Überlegungen von Zeitgenossen oder Vorgängern verknüpft, und daraus entwickeln sich neue Sichtweisen und Erkenntnisse. – Begegnungen können also auf unterschiedlichste Art und Weise ablaufen; lassen wir uns überraschen.

4.1 Pythagoras begegnet Thales

Wir schreiben die 50er Jahre des sechsten Jahrhunderts vor Christus. Die Städte der Küstenregion Ioniens nutzten ihre günstige Lage zwischen der griechischen und persischen Einflusssphäre, indem sie gewinnbringende Handelsbeziehungen mit beiden Seiten unterhielten. Milet hatte sich zu einer lebendigen und reichen Hafenstadt entwickelt, es war damals wohl die bedeutendste ionische Stadt überhaupt. Hier wurden nahezu alle Güter der Welt umgeschlagen: Getreide, Öl, Metalle, Papyrus, Stoffe und Wein. Milet war eine Stadt, in der die Geschäfte florierten und Wohlstand für viele herrschte, in der Menschen aus allen Teilen der Welt zusammenkamen, in der Neuigkeiten und Informationen ausgetauscht wurden. Eine solche Stadt bietet ideale Voraussetzungen als Brutstätte neuer Ideen und Lehren, da die Menschen in ihr weltoffen und neugierig sind.

In den engen, rechtwinklig verlaufenden Gassen Milets – der Stadtplan erinnert uns beinahe an Manhattan – bahnen sich zwei Männer mühsam ihren Weg durch das Gedränge. Der ältere der beiden wird öfters von Passanten freundlich gegrüßt und wechselt ein paar Worte mit ihnen. Man kennt und schätzt eben THALES (ca. 624– ca. 546 v. Chr.) in seiner Heimatstadt. Sein Begleiter ist wesentlich jünger und kam erst vor einigen Tagen von der nahen Insel Samos, um für einige Wochen bei ihm zu studieren. Nachdem sie den Stadtkern durchquert haben, steigen die beiden den Hügel von Kebalak Tepe hinauf und genießen von dort oben den Blick auf die Stadt, die auf einer Landzunge in das Meer hinausragt.

Ein Schiff vor der Küste erregt ihre Aufmerksamkeit. Thales fragt seinen jungen Begleiter, der sich übrigens Pythagoras nennt, ob er ihm eine Möglichkeit beschreiben könne, mit der sich die Entfernung des Schiffes von der Küste bestimmen lässt. Da Pythagoras nicht sogleich antwortet, zeichnet Thales eine Figur mit seinem Stock in den Staub und beginnt eine Geometrielektion.

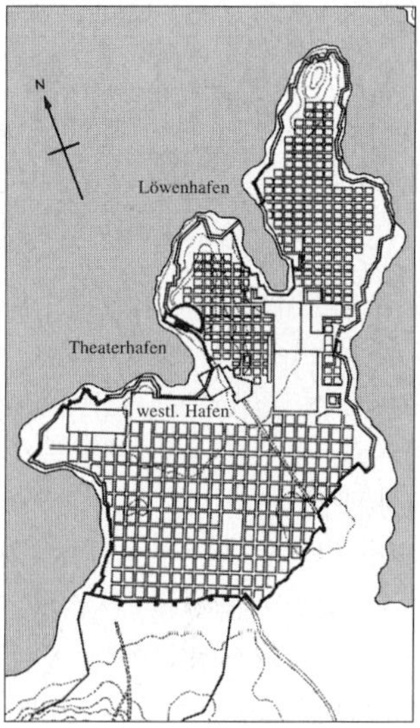

Plan von Milet

Uns ist leider nicht überliefert, welche Methode Thales hier entwickelt hat. Wir wissen lediglich, dass er die Entfernung von Schiffen auf hoher See berechnen konnte. Dies entnehmen wir einer Bemerkung des Eudemos in seiner *Geschichte der Geometrie*, nach der Thales ein geometrisches Ergebnis gekannt haben soll, das unserem dritten Kongruenzsatz entspricht. Denn dieser Satz ist nach Eudemos erforderlich, um obige Entfernungsbestimmung vornehmen zu können.

3. Kongruenzsatz: Wenn zwei Dreiecke in zwei Winkeln und einer Seite übereinstimmen, dann sind auch die anderen beiden Seiten und der dritte Winkel gleich.

Da wir, wie bereits erwähnt, das Verfahren des Thales nicht kennen, sind Spekulationen, die den dritten Kongruenzsatz verwenden, erlaubt. Wir halten uns an ein Verfahren des römischen Landmessers Marcus Iunius Nipsus (2. Jh. n.Chr.). Dazu betrachten wir die nebenstehende Skizze:

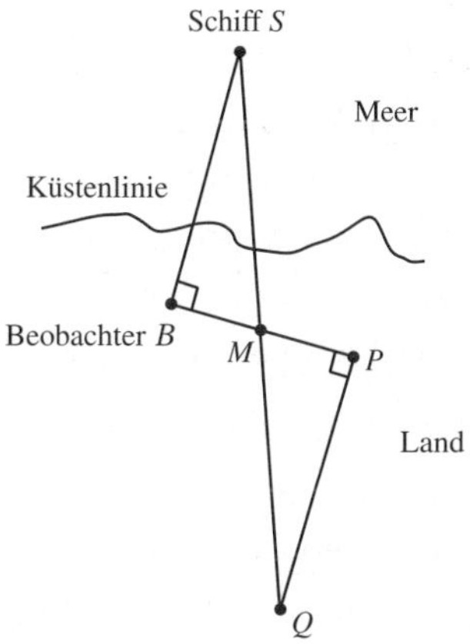

Gesucht ist die Länge der Strecke [SB]. Der Beobachter geht senkrecht zu [SB] an der Küste entlang. An einer Stelle M steckt er einen Stab in den Boden. Anschließend geht er in gleicher Richtung weiter, und zwar um eine Strecke der Länge $\overline{BM}$, d.h. also $\overline{BM} = \overline{MP}$. Dann geht er senkrecht zu $[BP]$ landeinwärts, bis er das Schiff S und den Stab M in einer Linie sieht. Diese Stelle wird mit Q bezeichnet, und $[PQ]$ hat die Länge der gesuchten Strecke.

Eine andere Möglichkeit stellt Thomas HEATH in seiner *History of Greek Mathematics* vor. Man benötigt eine einfache Vorrichtung, die aus einem Stab und einem daran drehbar angebrachten Visierholz besteht. Mit diesem Instrument stellt sich ein Beobachter auf einen Turm, stellt den Stab senkrecht auf und richtet das Visierholz auf das Schiff. Der Winkel zwischen den Stäben wird festgehalten und dann der senkrechte Stab so gedreht, dass der Beobachter über das Visierholz blickend einen besonderen Punkt P im Gelände ansieht. Die Entfernung zwischen diesem Punkt P und dem Fußpunkt F des Turmes ist dann gleich der Entfernung zwischen F und dem Schiff.

Der alte Thales gemeinsam mit seinem jungen Schüler Pythagoras auf dem Hügel von Kebalak Tepe oberhalb Milets – eine wirklich schöne Legende, aber mehr auch nicht! Ein Zusammentreffen der beiden Urväter der antiken Geometrie wäre aufgrund der geographischen Nähe (Samos liegt etwa 90 Kilometer nordwestlich von Milet) und der überlappenden Lebensdaten (ca. 624 – ca. 546 bzw. ca. 580 – ca. 500) durchaus denkbar, doch es gibt keinerlei Belege oder auch nur kleinste Hinweise dafür. Unsere Geschichte handelt somit von einer fiktiven Begegnung, eben einer Begegnung der besonderen Art.

4.1.1 Thales – Anmerkungen zu Leben und Werk

Während Pythagoras von seinen Zeitgenossen und von seinen griechischen Nachfahren nicht immer mit Lob bedacht wurde, HERAKLIT von Ephesos (ca. 540 – ca. 480 v.Chr.) unterstellt ihm gar „Vielwisserei ohne Verstand“, hört man über Thales überwiegend sehr viel Positives. Noch im zweiten Jahrhundert nach Christus preist der Dichter APUELIOS seine wissenschaftlichen Leistungen.

> „Thales von Milet, gewiß der größte unter jenen sieben überlieferten Männern der Weisheit (war er doch bei den Griechen der erste Erforscher der Geometrie und ein äußerst zuverlässiger Betrachter der Natur und der Sterne) hat die größten Dinge in kurzen Zeiten erforscht: den Kreislauf der

Jahreszeiten, das Wehen der Winde, den Gang der Sterne, das tönende Wunder des Donners, die gekrümmten Bahnen der Gestirne, die jährlichen Sonnenwenden, ebenso das Wachsen des neuen Mondes und die Abnahme des alternden sowie das Verschwinden des dahingehenden Mondes. Ebenso hat er, bereits in hohem Alter, ein göttliches Zahlenverhältnis bei der Sonne beschrieben, welches ich nicht nur gehört, sondern auch durch eigene Beobachtung bestätigt habe, nämlich: wie oft die Sonne mit ihrer Größe den Kreis, den sie durchläuft, mißt [gemeint ist das Zahlenverhältnis 1:720].“

Thales von Milet

Dass Thales der größte unter den *Sieben Weisen* war, dürfen wir Apuelios getrost glauben, denn es gibt etliche Listen mit Namen der Weisen, die allerdings nicht übereinstimmen. Bei deren Durchsicht kommt man insgesamt auf 17 Weise. Aber Thales schlägt die gesamte Konkurrenz, denn er steht auf jeder der Listen.

Wie nicht anders zu erwarten, ranken sich um Thales eine Vielzahl von Anekdoten. Auf die Frage, warum er keine Kinder habe, entschuldigte er sich mit den Worten: „Aus Liebe zu den Kindern.“ Seine Mutter wollte ihm unbedingt eine Braut suchen. Er wehrte sich jahrelang dagegen mit der Bemerkung: „Noch ist es Zeit.“ Schließlich konnte er später antworten: „Nun ist die Zeit dazu vorüber.“ Platon schildert ihn als einen etwas vertrottelten - oder vornehmer ausgedrückt – als zerstreuten Gelehrten, weil er beim Sternengucken einen Brunnen nicht bemerkte und unter dem Gespött einer Sklavin prompt hineinfiel. Als gerissenen Geschäftsmann stellt ihn dagegen Aristoteles dar. Aufgrund nicht näher geschilderter astronomischer Beobachtungen sah Thales eine gute Olivenernte voraus. Bereits im Winter zuvor mietete er daher alle Ölpressen in der Stadt und Umgebung für billiges Geld, um diese dann in der Erntezeit zu Höchstpreisen zu verleihen. Diese Aktion diente ihm zum Beweis, dass ein Philosoph jeder Zeit reich werden könne, wenn er nur wolle.

Im Unterschied zu den historisch umstrittenen Reisen des Pythagoras nach Ägypten und Babylonien werden Aufenthalte des Thales in diesen Ländern nicht angezweifelt. Er brach zu seiner Wissenschaftsreise auf, als er das Alter der Vernunft erreicht hatte. Für einen Weisen dürften dies sicherlich die Jugendjahre gewesen sein. Bei den Priestern in der Fremde lernte er alles, was man damals über Himmelskunde, Mathematik und Navigationslehre wusste. Mit den dort erworbenen Kenntnissen gelang ihm im Jahr 585 v.Chr. eine großartige Leistung, die seinen Ruf als herausragenden Wissenschaftler bei seinen Zeitgenossen begründete. Er sagte eine Sonnenfinsternis voraus - und diese trat auch tatsächlich ein. Sein Ansehen stieg ins Unermessliche. Natürlich stand ihm dabei das Glück des Tüchtigen zur Seite. Aufgrund der Beobachtungen der chaldäischen Priester konnte man auf die Periodizität der Verfinsterungen schließen und damit das ungefähre Datum der nächsten Verfinsterung vorausberechnen. Aber man konnte nicht sicher sein, dass man sie in Milet auch sehen würde. Der Erfolg war grandios, sein vorhergesagtes Datum stimmte und die Finsternis war total.

Thales wurde sehr alt. Mit einem Epigramm beschreibt Diogenes Laertios seinen Tod:

„Aus der Bahn entriß den Weisen der große Kronide
Da er den gymnischen Kampf der Hellenen ansah.
Ihm den Sternen zu nähern, die sein hochstrebendes Auge
Von der Erde nicht mehr sah am hohen Olymp.“

Thales starb an Altersschwäche, Hitze und Durst inmitten von Menschenmassen in einem Stadion, wo er einem sportlichen Wettkampf zusah. Man ist versucht zu sagen: Typisch für die Sportbegeisterung der Hellenen, die ohne ihre „ewige Turnerei“ (Jacob Burckhardt) nicht leben – und nicht sterben konnten.

Chnum

Die Bedeutung des Thales liegt nicht in erster Linie darin begründet, dass er richtige Antworten auf bestimmte Fragen gefunden hat, sondern dass er gewisse Fragen überhaupt erst stellte. Nicht seine „Ergebnisse“ sind für die Wissenschaftsgeschichte so wichtig, es ist vielmehr seine neuartige Betrachtungsweise. Er überlässt beispielsweise die Ursache von Erdbeben oder der Nilüberschwemmungen nicht mehr den Göttern, sondern er versucht natürliche Erklärungen dafür zu finden, die überprüfbar sind. Die jährlichen Hochwasser des Nils entstanden nach der Vorstellung der Ägypter durch einen Gott in Widdergestalt mit Namen Chnum. Thales setzt seine Theorie der Etesienwinde dagegen, die das Wasser des Nils zurückstauten.

Erdbeben entstehen, wenn Poseidon seinen Dreizack gegen die Erde stößt, so behaupteten es jedenfalls die Griechen. Thales negiert die Dreizacktheorie, die man glauben kann oder auch nicht, und gibt eine einleuchtende Erklärung: Die Erde schwimmt auf dem Wasser (zumindest seiner Meinung nach) und daher muss sie auch ab und zu schwanken wie ein Schiff.

Beide Theorien sind falsch, aber das ist nicht entscheidend. Entscheidend ist vielmehr, dass Thales versucht, angeblich durch Götter bewirkte Naturerscheinungen allein aus der Natur heraus zu erklären. Er überlässt die Lösung aller Geheimnisse bzw. schwer erklärbarer Erscheinungen nicht mehr einfach den Göttern, sondern stellt stattdessen Theorien auf, die angreifbar waren. Diese Vorgehensweise markiert den Anfang wissenschaftlichen Denkens.

Damit kein schiefes Bild entsteht, die Vorhersage der Sonnenfinsternis war nicht das einzige naturwissenschaftliche Erfolgserlebnis für Thales. Er entzauberte seine babylonischen Lehrmeister, nach denen der Gott Mardug-Bel dem Mond sein Licht gibt. Thales behauptete als erster, dass dieser von der Sonne beleuchtet wird.

Vor der allgemeinen Vergessenheit bewahrt haben ihn allerdings nicht seine bisher betrachteten Leistungen, sondern ein Ergebnis, das uns aus der Schulgeometrie bekannt ist. Seine mathematischen Leistungen sind aber wesentlich umfassender und grundlegender als dieser Spezialfall des Umfangswinkelsatzes.

4.1.2 Zur Geometrie des Thales

Geometrische Sätze des Thales kennen wir vor allem aus dem Kommentar des Proklos zum ersten Buch der *Elemente* des Euklid. Dieser Kommentar ist zwar erst Jahrhunderte nach Thales verfasst worden, aber dennoch unsere wichtigste Quelle für die thaletische Geometrie. Proklos stützt sich vor allem auf die verloren gegangene *Geschichte der Geometrie* des Eudemos.

Inhaltlich bewegen sich die Aussagen des Thales zumeist im Umfeld des *Winkelbegriffs,* den er wohl in die Geometrie eingeführt hat - im Unterschied zu der „geraden" Geometrie der Ägypter und Babylonier.

Es ist allerdings nicht bekannt, ob und wie Thales Winkel *gemessen* hat. Die ursprüngliche Bezugsgröße ist zunächst der rechte Winkel, eine Einteilung erfolgt in Teile des rechten Winkels (vgl. [32]). Es hat sich später als praktisch erwiesen, einen Winkel durch den zugehörigen Kreisbogen zu messen. Die erste griechische Schrift, in der die Einteilung des Kreises in 360° angegeben wird, stammt von dem Astronomen HYPSIKLES (2. Jahrhundert vor Christus) und trägt den Titel *Anaphorikos.* Hypsikles ist der Verfasser des sog. 14. Buches der *Elemente,* das Sätze über das Ikosaeder und Dodekaeder enthält.

Die Sätze des Thales sind sehr einfache, aber grundlegende Sätze. Das ist das völlig Neue an seiner Geometrie. Es werden keine Diagonalen von rechteckigen Toren berechnet oder andere praktische Probleme behandelt - wie in der ägyptischen und babylonischen Mathematik -, sondern es werden allgemeine Aussagen, wie z.B. über Winkel zwischen Geraden bzw. Basiswinkel im gleichschenkligen Dreieck, betrachtet.

„Dieses Theorem zeigt also, daß, wenn zwei Geraden sich schneiden, ihre Scheitelwinkel gleich sind. Es wurde, wie Eudemos berichtet, von Thales zuerst entdeckt, des wissenschaftlichen Beweises aber vom Verfasser der *Elemente* für wert erachtet."

„Heil dem alten Thales, dem Entdecker vieler anderer und besonders dieses Theorems! Denn man sagt, er habe als erster erkannt und ausgesprochen, daß in jedem gleichschenkligen Dreieck die Basiswinkel gleich sind, habe aber in altertümlicher Weise für *gleich* die Bezeichnung *ähnlich* gebraucht."

Interessant ist hier die abschließende Bemerkung zur Bezeichnungsweise bei Thales. Sie kann als Hinweis angesehen werden, dass Proklos eine Quelle zur Verfügung stand, die sich auf eine thaletische Original(ab)schrift bezog. Auch den sog. dritten Kongruenzsatz hat Thales gekannt, wie wir aus dem fiktiven Gespräch mit Pythagoras wissen.

Thales hat allgemeine Aussagen nicht nur entdeckt und ausgesprochen, sondern anscheinend auch bewiesen. Proklos berichtet nämlich:

„Daß der Kreis durch den Durchmesser halbiert wird, soll zuerst der berühmte Thales nachgewiesen haben."

Jedoch sind Beweise des Thales nicht unmittelbar überliefert. Seine Beweise werden sich aber grundlegend von der Art und Weise, wie in den *Elementen* des Euklid bewiesen wird, unterschieden haben. Wie üblich bei ersten Begründungsversuchen, wird Thales wohl mit Plausibilitätsbetrachtungen gearbeitet haben, vergleichbar seinen Deutungsversuchen bei physikalischen Fragestellungen und Naturerscheinungen. Ohne Methode werden zunächst Überlegungen entwickelt, die erklären sollen, warum etwas so ist. Sehr wahrscheinlich hat Thales die Richtigkeit seiner geometrischen Aussagen mit Spiegelungs- bzw. Klappargumenten sichtbar gemacht, den jeweiligen Sachverhalt somit direkt als evident erscheinen lassen. In heutiger Systematik könnte man diese Vorgehensweise als Vorform des phänomenologischen Beweises bezeichnen.

Kommen wir auf die Aussage, dass der Kreis durch einen Durchmesser halbiert wird, zurück. Proklos gibt zwar zwei Beweise an, aber er schreibt auch: „Man sagt, daß Thales ... bewiesen habe.“ D.h. Proklos kann gar nicht gewusst haben, *wie* Thales den Satz bewiesen hat, da er ja nicht einmal sicher weiß, ob Thales für den Satz überhaupt einen Beweis geliefert hat.

Der erste der beiden Beweise verdient den Namen Beweis nicht, es ist eine Plausibilitätsbetrachtung, wie sie vielleicht Thales angestellt haben könnte.

> „Der Grund für die Halbierung liegt aber darin, daß die Gerade ohne jede Ablenkung durch den Mittelpunkt geht. Denn da sie durch die Mitte geht und in allen ihren Teilen immer die gleiche Bewegungsrichtung einhält, ohne nach der einen oder anderen Seite auszubiegen, schneidet sie zur Kreisperipherie hin beiderseits das Gleiche ab.“

Der zweite Beweis ist durch die Worte „Will man dies auch auf mathematischem Wege beweisen ... “ sehr deutlich vom ersten abgesetzt.

> „Denke dir den Durchmesser gezogen und die eine Kreishälfte auf die andere gelegt. Ist sie nicht gleich, so wird sie entweder innerhalb oder außerhalb zu liegen kommen. In beiden Fällen wird sich die Folgerung ergeben, daß die kürzere Strecke der längeren gleich ist. Denn alle Strecken vom Mittelpunkt zur Peripherie sind gleich. Es wird nun die zu einem äußeren Punkt gehende Strecke der zu einem inneren Punkt gehenden gleich sein. Das ist aber unmöglich.“

Den nach Thales benannten Satz, den wir aus der Schulgeometrie kennen, suchen wir allerdings vergeblich bei Proklos. Dessen Herkunft liegt ziemlich im Dunkeln. Einen einzigen Hinweis finden wir bei Diogenes Laertios.

> „In der Geometrie ein Schüler der Ägypter, hat er [Thales], wie Pamphile berichtet, zuerst das rechtwinklige Dreieck in den Kreis eingetragen und daraufhin einen Stier geopfert. Andere, unter ihnen der rechenkundige Apollodoros, schreiben dies dem Pythagoras zu."

Die Begründung, diesen Satz dem Thales zuzuordnen, steht also auf äußerst wackeligem Boden. Wer sind nun die beiden Personen, auf die sich Diogenes Laertios beruft? PAMPHILE aus Epidauros war eine Schriftstellerin, die zur Zeit des Kaisers NERO (37–68 n.Chr.), also im ersten Jahrhundert nach Christus, lebte. Mathematische Leistungen von ihr sind nicht bekannt. Bei Epidauros auf der Peloponnes befindet sich das besterhaltene griechische Amphitheater (3. Jahrhundert v.Chr.). APOLLODOROS aus Athen lebte dagegen im zweiten Jahrhundert vor Christus und gilt als Verfasser einer Chronik, einem chronologischen Standardwerk.

Besser belegt ist eine andere geometrische Leistung des Thales, die indirekte Höhenmessung der Pyramiden. Drei antike Autoren berichten darüber, nämlich Diogenes Laertios, Plinius und Plutarch. Ersterer schreibt:

> „Hieronymos [ein Schüler des Aristoteles] berichtet, er [Thales] habe die Höhe der Pyramide gemessen vermittelst ihres Schattens, den er genau in dem Zeitpunkt abmaß, wo unser Schatten und unser Leib die gleiche Länge haben."

4.1.3 Was ist das Besondere an den Ergebnissen der thaletischen Geometrie?

Die griechischen Geometer arbeiteten nicht mit Papier und Bleistift, sie zeichneten ihre Figuren mit einem Schilfrohr in geglätteten Sand. Dementsprechend war deren Qualität. Es ist ganz offensichtlich, kein geometrischer Satz kann an Sandfiguren verifiziert werden. Geraden sind keine Geraden, Quadrate keine Quadrate, Kreise keine Kreise. An einer Sandfigur konnte Thales sicher nicht ohne weiteres ersehen, dass die Scheitelwinkel zweier sich schneidender Geraden gleich sind. Die Gültigkeit seiner Lehrsätze konnte er nur behaupten, weil er sich bewusst war, dass sich diese Sätze nicht auf die unvollkommenen Figuren im Sand beziehen, sondern auf „ideale" Figuren. „Das Unsichtbare erschließe aus dem Sichtbaren" soll schon ein Zeitgenosse des Thales gesagt haben. Etwa zweihundert Jahre später beschreibt Platon diese Vorgehensweise folgendermaßen:

„[Die Mathematiker] nehmen die sichtbaren Gestalten zur Hilfe und beziehen ihre Reden auf diese, obschon eigentlich nicht sie den Gegenstand ihres Nachdenkens bilden, sondern jene, von denen diese die Abbilder sind. Wegen des Vierecks selbst führen sie ihre Beweise, oder wegen der Diagonale selbst, aber nicht wegen derjenigen, die sie zeichnen .... Sie suchen jenes zu erblicken, das man ausschließlich im Geiste schauen kann."

In diesem Sinne beginnt Proklos auch den Beweis des Halbierungssatzes mit den Worten: „*Denke* dir einen Durchmesser gezogen und die eine Kreishälfte auf die andere gelegt." Hier findet also kein konkretes Zeichnen und kein konkretes Aufeinanderlegen statt. Daher kann Proklos nicht weiterfahren mit: „Du siehst nun, dass die beiden Hälften sich decken." Er bleibt stattdessen in einer *geistigen* Ebene und arbeitet mit einem *Widerspruchsbeweis*. Die anschauliche Evidenz wird durch eine logische Herleitung ersetzt.

Die Wissenschaftshistoriker sind sich nicht einig, ob man Thales schon eine indirekte Beweisführung zutrauen darf. Manche meinen, diese Beweisform haben erst Parmenides von Elea (ca. 515–445 v.Chr.) und sein Schüler Zenon von Elea (geb. ca. 490 v.Chr.) geschaffen. Andererseits lässt sich feststellen, dass die Form der indirekten Argumentation in der Sprache möglich ist; sie findet sich bereits bei Homer. Warum sollte dann Thales auf der Stufe der Plausibilitätsbetrachtungen stehen geblieben sein und nicht mit *logischen Schlüssen* gearbeitet haben? Zumal Proklos darauf hinweist, dass die Verfahren des Thales teilweise allgemeiner Art gewesen seien.

Lässt sich beim Vergleich der Ergebnisse von Thales und Pythagoras ein signifikanter Fortschritt in der Geometrie feststellen? Diese Frage muss ganz klar positiv beantwortet werden. Im Wesentlichen sind zwei Bereiche zu nennen. Zum einen begründeten Pythagoras bzw. die Pythagoreer die räumliche Geometrie, sie konstruierten zumindest Tetraeder, Würfel und Dodekaeder. Zum anderen besitzt die pythagoreische Geometrie einen wesentlich abstrakteren Charakter als die thaletische. Wir haben auf diesen Aspekt bereits in Abschnitt 1.5 hingewiesen. Der Satz des Pythagoras lässt sich nicht so ohne weiteres einsehen wie die gerade betrachteten, dem Thales zugeschriebenen Lehrsätze. Bei Pythagoras können wir den Übergang vom Sehen einer geometrischen Konstruktion zu einem abstrakten Beweis festmachen.

Trotz dieser Fortschritte auf dem Gebiet der Geometrie dürfen wir Pythagoras nicht in erster Linie als Geometer ansehen. Betrachten wir seine mathematischen Interessensgebiete, so überwiegt der *arithmetische* Anteil im Vergleich zum geometrischen. Pythagoras übertrug die *deduktive Methode* in die Arithmetik und schuf damit erste Ansätze einer Zahlentheorie. Im Blickpunkt des Interesses der Pythagoreer standen Überlegungen zu geraden und ungeraden Zahlen sowie zu figurierten Zahlen (Dreiecks-, Quadratzahlen usw.). Damit begann die Loslösung einer theoretischen Arithmetik vom praktischen Rechnen. Auch in diesem Zusammenhang könnte der indirekte Beweis entwickelt worden sein.

Die Anzahl der mathematischen Entdeckungen des Pythagoras ist verhältnismäßig gering. Das verwundert nicht, denn er befasste sich mit Politik, Religion, Philosophie, Naturwissenschaft, Harmonielehre und auch mit Mathematik. Bereits für die griechischen Autoren der Antike war er kein professioneller Mathematiker. Sie beschreiben lediglich die mathematische Einfärbung seiner Philosophie („Alles ist Zahl.“).

4.2 Pythagoras begegnet Ptolemaios

Mittlerweile dürfte Pythagoras uns schon eine (hoffentlich!) sehr vertraute Persönlichkeit sein. Aber wer ist Ptolemaios? Vielleicht kommt Ihnen bei diesem Namen die bekannte Anekdote in den Sinn, die uns Proklos in seinem Kommentar zum ersten Buch der *Elemente* überliefert hat. König PTOLEMAIOS I. (Regierungszeit: 305–283 v.Chr.) erkundigte sich bei Euklid, ob es nicht für die Mathematik einen kürzeren Weg gebe als die Lehre der *Elemente.* Er aber antwortete, es führe kein königlicher Weg zur Mathematik.

Dieser König oder auch seine Nachfolger gleichen Namens im hellenistischen Ägypten sind hier nicht gemeint. Weiter bringt uns ein Hinweis auf die Astronomie. Dort sind wir diesem Namen schon begegnet.

4.2.1 Das Weltsystem des Ptolemaios

Wir befinden uns wieder in Alexandria, aber über 400 Jahre nach Euklid. Claudios PTOLEMAIOS (ca. 100–ca. 160 n.Chr.) wirkte dort als Mathematiker, Geograph und Astronom. Im Mittelpunkt des Weltalls steht nach seinem *geozentrischen System* die ruhende Erde, die von Sonne, Mond und anderen Planeten umkreist wird. Eine Fixsternsphäre umschließt die Planetenbahnen.

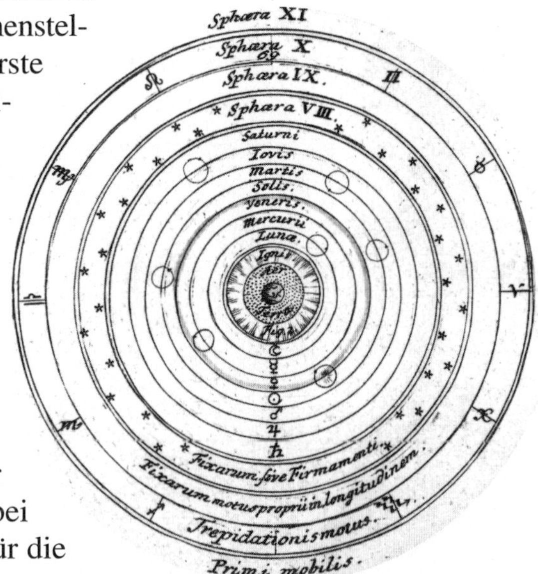

Mit seinem Hauptwerk *syntaxis mathematike* (Mathematische Zusammenstellung) schuf Ptolemaios die erste systematische Ausarbeitung einer mathematischen Astronomie, deren Aufbau und Inhalt noch maßgeblich bis zur Zeit des Nikolaus Kopernikus waren. Besser bekannt ist dieses 13 Bücher umfassende Werk unter dem Titel *Almagest*. Für nahezu 1500 Jahre war es das astronomische Werk schlechthin. Aber auch die Mathematik kommt bei Ptolemaios nicht zu kurz, die für die Berechnung der Planetenpositionen notwendige ebene und sphärische Trigonometrie wird ausführlich behandelt.

Das Wort *Almagest* wurde im lateinischen Mittelalter geprägt, und zwar aus dem arabischen Wort *al-midschisti*. Letzteres entstand durch Hinzufügen des arabischen Artikels aus dem griechischen *megiste*, ist also ein arabisches Fremdwort. Geprägt hat dieses Wort al-Hadschdschadsch ibn Yusuf ifn Matar, der 829/30 in Bagdad das Werk des Ptolemaios übersetzte und ihm den Titel *Kitab al-midschisti* gab. Wie schaffen wir nun den Bogen zu dem Werktitel *syntaxis mathematike*? Die *Mathematische Zusammenstellung* des Ptolemaios wurde als so bedeutsam angesehen, dass man ihr auch den Namen *Größte Zusammenstellung* gab, und dies heißt im Griechischen eben *megiste syntaxis*.

Im *Almagest* unterzog sich Ptolemaios der Aufgabe, eine Theorie für die Bewegung der Planeten aufzustellen. Als Grundlage dafür zog er u.a. die sorgfältigen Beobachtungen heran, die Hipparchos (ca. 190–ca. 120 v.Chr.) aus Nikaia (Kleinasien) von 141–126 auf Rhodos und in Alexandria durchgeführt hatte. Ptolemaios versuchte, für einen auf der Erde befindlichen Beobachter eine zuverlässige Vorhersage der Planetenörter vor dem Hintergrund des Fixsternhimmels zu erstellen. In Übereinstimmung mit Aristoteles (384–322 v.Chr.) wählte er die ruhende Erde als Zentrum der Himmelskugel, und die einzige zugelassene geometrische Figur war der Kreis. Die Beschreibung der Bahnen der damals bekannten sieben Planeten (Saturn, Jupiter, Mars, Sonne, Venus, Merkur und Mond) erfolgte unter Verwendung bestimmter Hilfskonstruktionen.

Ptolemaios bei der Himmelsbeobachtung mit einem Quadranten. Er wurde meist als König dargestellt, da er fälschlich dem Geschlecht der Ptolemaier zugerechnet wurde. Hinter ihm steht die Astronomie als allegorische Frauengestalt.

Die Mittelpunkte der planetaren Kreise rückte Ptolemaios aus der Erd- und somit aus der Weltmitte etwas heraus, die Planetenbahnen verlaufen also exzentrisch. Streng genommen ist sein Weltsystem somit gar nicht geozentrisch. Dadurch gelang es ihm – zumindest in einer ersten Näherung – die aus Beobachtungen bekannten unterschiedlichen Geschwindigkeiten und Helligkeitsabstufungen plausibel zu machen. Allerdings bewegen sich nur Sonne und Mond direkt auf ihren zugehörigen Trägerkreisen. Zusätzlich musste er noch mit der Annahme arbeiten, dass die anderen fünf Planeten auf der Peripherie kleinerer Kreise, der sog. Epizykel, sitzen, deren Mittelpunkte auf dem jeweiligen zugehörigen exzentrischen Trägerkreis (Deferent) abrollen. Mit dieser Überlagerung der gleichförmigen Kreisbewegungen lassen sich zwar die Schleifenbewegungen dieser Planeten verständlich machen, das

Modell ermöglicht es aber nicht, die von der Erde aus ungleichförmig erscheinenden Bewegungen darzustellen. Eine weitere Hilfskonstruktion war notwendig. Ptolemaios führte einen sog. Ausgleichskreis ein, auf dem sich der Planet mit konstanter Winkelgeschwindigkeit dreht und dessen Mittelpunkt (Äquant) weder mit dem Mittelpunkt des Trägerkreises noch mit dem Erdmittelpunkt zusammenfällt.

Diese Himmelsgeometrie des Ptolemaios ist ein mathematisches Meisterwerk, aber kein Abbild der Realität. Auch lieferte er kein einheitliches zusammenhängendes System, sondern eine mathematische Prozedur, nach der jeder der Planeten für sich behandelt wurde, ohne jede Beziehung zu den anderen. Offenbar empfand Ptolemaios selbst den prinzipiell unbefriedigenden Charakter seiner komplizierten Theorie, denn er schreibt:

> „Niemand, der sich der Unvollkommenheit unserer menschlichen Erfindung bewußt ist, sollte die hier vorgelegten Hypothesen für allzu künstlich halten. Wir sollen das Menschliche nicht mit dem Göttlichen vergleichen..."

Die Kompliziertheit des ptolemaiischen Systems hat noch Jahrhunderte später der kastilische König ALFONS X. (1226–1284) mit folgender Bemerkung auf den Punkt gebracht:

> „Wenn mich Gott bei der Erschaffung der Welt zu Rate gezogen hätte, so würde ich ihm größere Einfachheit empfohlen haben."

Seine Kenntnis der Wissenschaften deutet bereits sein Beiname 'der Weise' an. Auf Alfons X. Veranlassung wurden die in der Antike und im frühen Mittelalter aufgestellten astronomischen Tafelwerke, die sich in zunehmendem Ausmaß als ungenau erwiesen hatten, neu berechnet. Ihm zu Ehren erhielten sie den Namen *Alfonsinische Tafeln*. Sie galten im späten Mittelalter als ein Meisterwerk der Wissenschaft und waren bis zur Renaissance das meistverwendete astronomische Tafelwerk.

4.2.2 Pythagoreische Astronomie

Beim Betrachten von Modellen des Weltsystems aus der Antike fällt auf, dass die Gestirne stets Kugelgestalt besitzen und sich auf Kreisbahnen bewegen. Was veranlasste die griechischen Astronomen zu diesen Annahmen? Die Ursache liegt wohl in der Symmetrieverliebtheit der Griechen begründet. Kreis und Kugel haben im Vergleich zu allen anderen geometrischen Figuren und Körpern vollendete Symmetrieeigenschaften, und das zeichnet sie vor allen anderen Konkurrenten aus. Nach Diogenes Laertios hat Pythagoras Kreis und Kugel als die „schönsten Figuren“ gerühmt. Für Platon sind Kreis und Gerade die einzigen geometrischen Grundfiguren überhaupt, die folglich allen komplexeren Figuren zugrunde liegen. Hierin liegt der Ursprung der „Spielregeln“ begründet, die noch im Geometrieunterricht des ausgehenden 20. Jahrhunderts ihre Gültigkeit haben: Nur Zirkel und Lineal sind als Konstruktionswerkzeuge zugelassen (vgl. 5.1). Auch Aristoteles zeigt sich von Kreis und Kugel fasziniert.

> „Wenn dasjenige vollkommen ist, außerhalb dessen man nichts fassen kann ... und wenn bei der geraden Linie immer noch etwas hinzugesetzt werden kann, bei der Kreislinie dagegen nicht, so ist klar, daß die den Kreis umschließende Linie eine vollkommene ist. Und wenn das Vollkommene ursprünglicher ist als das Unvollkommene, so ist auch aus diesem Grunde der Kreis die ursprünglichste der Figuren. Ebenso verhält sich die Kugel unter den Körpern. Denn nur sie wird von einer einzigen Oberfläche umschlossen, die geradlinigen Körper dagegen [wie etwa die regulären Polyeder] von mehreren. Denn wie sich der Kreis unter den Flächen verhält, so auch die Kugel unter den Körpern.“

Die Vorstellung, dass jedes Gestirn ein Gott sei, haben Pythagoras bzw. die Pythagoreer von den Babyloniern übernommen. Proklos zufolge sind für Pythagoras die Sterne „göttliche Körper“. Diese Auffassung bestärkt zugleich die These von einem Aufenthalt des Pythagoras bei Völkern im Osten. Ein göttlicher Körper kann natürlich nur eine vollkommene Gestalt besitzen, also ist er kugelförmig. Göttersterne bewegen sich zudem selbstverständlich auf vollkommenen Bahnen. Diese können daher nur Kreise sein, die mit gleichförmiger Geschwindigkeit durchlaufen werden. Ein solches Weltmodell schreibt der Astronom Geminos von Rhodos (um 70 v.Chr.) ausdrücklich den Pythagoreern zu. Tief beeindruckt äußert sich auch Aristoteles: „Es gibt keine ununterbrochen fortdauernde Bewegung außer der Kreisbewegung.“

Als etwas nachteilig für das geschilderte in sich vollkommene Weltmodell erweisen sich die Auswertungen von Beobachtungen am Sternenhimmel, die völlig gegen eine Gleichförmigkeit der Bewegungen der Planeten und gegen Kreisbahnen sprechen. Die Planeten machen nämlich ihrem Namen alle Ehre, denn das griechische Wort *planetos* bedeutet auch Landstreicher. Sie kümmern sich reichlich wenig um das für sie geschaffene Modell und denken nicht daran, die Regeln der Vollkommenheit einzuhalten. Sie bewegen sich manchmal schneller und manchmal langsamer, manchmal erscheint ihre Bewegung sogar rückwärts zu erfolgen. Ihre Helligkeit und Größe schwankt, d.h. sie nähern bzw. entfernen sich von der Erde. Das pythagoreische Weltbild mit seinen Annahmen *unveränderte Geschwindigkeit* sowie *Kreisbahnen um den Erdmittelpunkt* ließ sich nicht mehr halten, oder gab es doch einen Ausweg?

Wie befreiten sich die Pythagoreer aus diesem Dilemma? Wer in die Kreisidee vernarrt ist, bleibt verbohrt und lässt sich nicht so einfach davon abbringen, auch wenn die Beobachtungen dagegen sprechen. Nach der Devise „jetzt erst recht“ stellten sich – so schreibt es jedenfalls Geminos – die Pythagoreer die Frage: Wie lassen sich die beobachteten Himmelserscheinungen bei Annahme kreisförmiger Bahnen und gleichförmiger Bewegungen erklären? Gesucht wurde ein mathematisches Modell, das die Planetenbewegung mit Hilfe der Kreisidee angemessen beschreibt. Die Antwort war schließlich das bereits kurz beschriebene System der Epizykel.

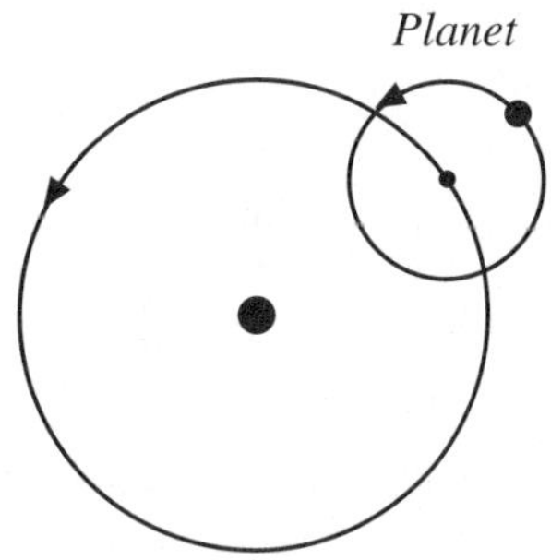

Allerdings musste man im Laufe der Zeit zur Rettung der Phänomene auf den ersten Epizykel noch einen weiteren setzen, und auch dieser reichte oftmals nicht aus. Das hartnäckige Festhalten an der Grundannahme der gleichförmigen Kreisbewegung führte in der Folgezeit zu einem ziemlich komplizierten System, das – wie wir schon wissen – Ptolemaios in eine endgültige Form brachte.

Historisch interessant ist der Umstand, dass in der antiken griechischen Astronomie neben dieser beherrschenden geozentrischen Theorie auch völlig andere Theorien auftauchten, die sich allerdings zu dieser Zeit noch nicht durchsetzen konnten.

Bereits bei den Pythagoreern rückte man von dem geozentrischen Weltbild ab. PHILOLAOS von Kroton (ca. 465–ca. 385 v.Chr.), der vielleicht Pythagoras noch selbst gehört hat, setzte stattdessen das Feuer als das vornehmste Element in den Mittelpunkt der Welt. Die Erde sowie eine Gegenerde und die Planeten (einschließlich Sonne und Mond) kreisen um dieses Zentralfeuer.

Die bewohnte Seite der Erde ist dem Zentralfeuer stets abgewandt, so dass dieses nie beobachtet werden kann. Auch die Gegenerde ist nicht zu sehen, da sie sich auf der anderen Seite des Zentralfeuers befinden soll. Nach Philolaos

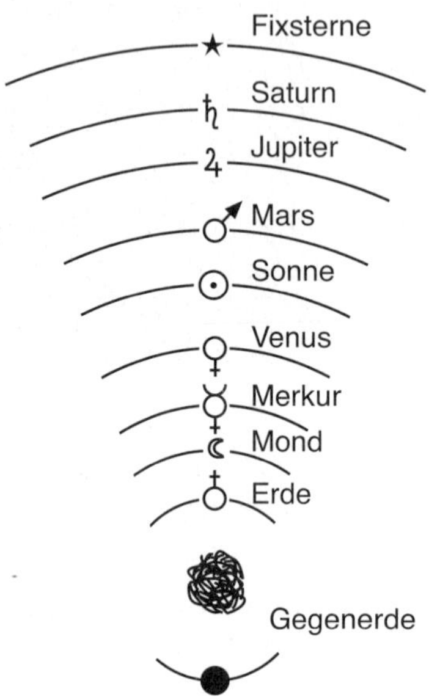

umkreist die Erde das Zentralfeuer in 24 Stunden genau einmal, dabei dreht sie sich auch einmal um die eigene Achse. Der bewohnte Teil liegt somit abwechselnd im Sonnenlicht und im Schatten.

Nicht das Zentralfeuer, sondern ein irdisches Feuer kostete Philolaos fast das Leben. Gegner der Pythagoreer zündeten bei Unruhen in Kroton im Jahr 445 v.Chr. das Haus an, in dem er sich mit Gleichgesinnten traf. Nur Philolaos und ein weiterer Gefährte entkamen dem Flammentod. Er lebte später in Tarent und unterrichtete u.a. ARCHYTAS (ca. 428–ca. 365 v.Chr.), einen Freund Platons. Den Namen Archytas verbinden wir meist mit dem Problem der Würfelverdoppelung (vgl. 5.1). Durch Philolaos hat Platon übrigens seine Kenntnisse über die Pythagoreer erhalten. Er kaufte nämlich bei ihm Schriften über die pythagoreische Lehre; so lesen wir es zumindest bei Diogenes Laertios.

Pythagoras ist nicht die einzige bedeutende Persönlichkeit, die von der Insel Samos stammte. Die anderen erreichten allerdings längst nicht seinen Bekanntheitsgrad bis in unsere Tage. Als dem Denken seiner Zeit weit voraus erwies sich ARISTARCHOS von Samos (ca. 310–ca. 250 v.Chr.). Fast zwei Jahrtausende (!) vor Nikolaus Kopernikus entwickelte er ein *heliozentrisches System*. Aristarchos setzte die Sonne (griechisch: helios) in das Zentrum und ließ sie von den Planeten einschließlich der Erde umkreisen. Dieser Gedankengang erscheint ziemlich naheliegend, denn in Orientierung an Philolaos musste er lediglich das Zentralfeuer durch die Sonne ersetzen. Kepler fand diese Überlegung so offensichtlich, dass er sie sogar den Pythagoreern selbst zuschrieb. Sie hätten nur verblümt geredet und unter dem Wort Feuer in Wirklichkeit die Sonne verstanden. Die diesbezügliche Schrift des Aristarchos ist allerdings nicht erhalten, unsere Kenntnis über sein Planetensystem verdanken wir knappen Andeutungen anderer Autoren.

So schreibt ARCHIMEDES (ca. 287–212 v.Chr.) in seinem Werk *Die Sandzahl*:

> „Aristarchos von Samos... nahm an, daß die Fixsterne und die Sonne unbeweglich seien, die Erde sich um die Sonne, die in der Mitte der Erdbahn liege, in einem Kreis bewege, die Fixsternsphäre aber, deren Mittelpunkt im Mittelpunkt der Sonne liege, so groß sei, daß die Peripherie der Erdbahn sich zum Abstand der Fixsterne verhalte wie der Mittelpunkt der Kugel zu ihrer Oberfläche."

Archimedes

Soweit das Zitat aus der *Sandzahl.* Aber nun kommt geradezu ein Knalleffekt. Die Ideen des Aristarchos sind Archimedes viel zu kühn. Ihm, der die Welt aus den Angeln heben wollte, wenn man ihm nur einen festen Punkt gäbe, ist ein heliozentrisches System unvorstellbar. Er beschließt nämlich seine Erläuterungen mit der Bemerkung: „Es ist klar, daß dies unmöglich ist."

4.2.3 Wiederentdeckung pythagoreischen Gedankenguts: Kopernikus

Archimedes befindet sich mit seiner Ablehnung in keiner schlechten Gesellschaft. Als 1543 das Werk *De revolutionibus orbium coelestium* (Von den Umdrehungen der Himmelssphären) des Nikolaus KOPERNIKUS (1473–1543) erschien, lehnten kirchliche und weltliche Autoritäten das darin propagierte heliozentrische System auf das Entschiedenste ab. Auch Martin LUTHER (1483–1546) polemisiert heftig: „Der Narr wil die gantze kunst Astronomiae umbkeren."

Kopernikus

Es klingt ziemlich paradox, aber es ist Tatsache: Kopernikus bricht in die Zukunft auf, indem er weit in die Vergangenheit zurückblickt. Wie die Griechen in der Antike ist er vernarrt in die Kreisbewegung. An dem komplizierten ptolemaiischen „Epizykelmonstrum" (Harro Heuser) störte ihn, dass die Bahngeschwindigkeit eines Planeten nicht gleichförmig, nicht konstant war, wie es doch bereits die Pythagoreer gefordert hatten. Er schreibt im ersten Entwurf seines Weltsystems:

„... dachte ich oft darüber nach, ob sich vielleicht eine vernünftigerere Art von Kreisen finden ließe ..., wobei sich alle in sich kreisförmig bewegen würden, wie es die vollkommene Bewegung an sich verlangt.“

Kopernikus erkannte, dass am System des Ptolemaios mathematisch keine entscheidenden Verbesserungen mehr möglich waren. Als einziger Ausweg blieb, die Grundannahmen zu verändern. An den Kreisbahnen hielt er eisern fest, so rüttelte er an der Unbeweglichkeit der Erde. Kopernikus entpuppte sich somit als wahrer Pythagoreer. Er studierte sorgfältig die Ergebnisse seiner antiken Vorgänger:

„Auf Grund dessen nahm ich mir die Mühe, die Bücher aller Gelehrten, die ich in die Hand bekommen konnte, nochmal in der Absicht zu lesen, um nachzuspüren, ob nicht einmal einer vermutet hätte, die Bewegungen der Weltkugeln seien anders, als die Leute sie ansetzen, die an den Schulen [Universitäten] Mathematik lehren. Und ich fand tatsächlich bei Cicero: Als erster habe Hiketas die Meinung vertreten, die Erde bewege sich. Später habe ich auch bei Plutarch gefunden, daß noch andere dieser Meinung waren; seinen Wortlaut, damit er allen zugänglich sei, hielt ich für richtig, hier aufzuführen: ‘Die anderen meinen, die Erde stehe still, der Pythagoreer Philolaos aber behauptet, sie bewege sich im Kreis um das [Zentral]Feuer, über einen geneigten Kreis in ähnlicher Art wie Sonne und Mond. Herakleides von Pontos und der Pythagoreer Ekphantos lassen die Erde zwar eine Bewegung ausführen, aber nicht von Ort zu Ort fortschreitend, sondern in Form einer Drehbewegung, nach Art eines um die Achse laufenden Rades, von Sonnenuntergang in Richtung Aufgang, um ihren eigenen Mittelpunkt.‘
Hier hatte ich einen guten Ansatz gefunden und begann von da an, auch meinerseits über die Bewegbarkeit der Erde nachzudenken.“

Trotz der Ankündigung: „In der Mitte von allem aber hat die Sonne ihren Platz“, erweist sich das System des Kopernikus im strengen Sinn genauso wenig heliozentrisch wie das des Ptolemaios geozentrisch ist. Auch Kopernikus muss einen Mittelpunkt neben seinem Zentralkörper, der Sonne, wählen. Da er die Kreise nicht grundsätzlich aufgab, konnte sein System nicht einfacher werden als das des Ptolemaios. Das Ergebnis seiner Berechnungen erweist sich wiederum als ein Epizykelmonstrum, das keine präzisen Vorausberechnungen von Planetenörtern gestattet.

Was wir heute allerdings unter dem Namen *kopernikanisches System* verstehen, ist das *keplersche System* mit Ellipsen anstelle der komplizierten Epizykeln.

NICOLAI COPERNICI
net, in quo terram cum orbe lunari tanquam epicyclo contineri
diximus. Quinto loco Venus nono mense reducitur. Sextum
deniq; locum Mercurius tenet, octuaginta dierum spacio circū
currens. In medio uero omnium residet Sol. Quis enim in hoc

pulcherrimo templo lampadem hanc in alio uel meliori loco po

Das Weltsystem des Kopernikus, von ihm selbst vereinfacht dargestellt. Die Sonne steht im Zentrum der Welt. Von der Kompliziertheit des Systems mit Epizykeln etc. ist hier nichts angedeutet.

4.2.4 Kepler, ein (Neu-)Pythagoreer

„Kopernikus, sich an die alten Pythagoreer und Aristarch anschließend, und im Verein mit ihnen auch ich...“, mit diesen Worten offenbart Johannes KEPLER (1571–1630) seine geistigen Quellen. Er bekennt sich als Pythagoreer; in einem Brief an Galilei nennt er Platon und Pythagoras als „unsere wahren Lehrer“.

Johannes Kepler

Während Galilei schon einen typischen Vertreter der neuzeitlichen Naturwissenschaft verkörperte, war Kepler noch sehr stark in der Tradition seiner Vorgänger verwurzelt. Er war Mathematiker, Mystiker, Musiker und Astronom. In die Krotoner Bruderschaft hätte er als Mitglied ideal hineingepasst.

Kepler griff die pythagoreische Vorstellung einer mathematischen Naturwissenschaft wieder auf, für ihn schlägt „Gott immer den mathematischen Weg ein".

> „Mein Ziel ist zu zeigen, daß die himmlische Maschine nicht eine Art von göttlichem, lebendigem Wesen, sondern eine Art von Uhrwerk ist ..., insofern als fast alle die mannigfaltigen Bewegungen von einer höchst einfachen magnetischen und materiellen Kraft verursacht werden, genau wie alle Bewegungen einer Uhr von einem einfachen Gewicht verursacht werden. Und ich zeige auch, wie diese physikalischen Ursachen zahlenmäßig und geometrisch ausgedrückt werden müssen."

Knapp zwanzig Jahre später formulierte Galilei in gleicher Weise denkend seine berühmte und oft zitierte Feststellung: „Das Buch der Natur ist in mathematischer Sprache geschrieben." Auch Galileo GALILEI (1564–1642) zeigt somit starke Anklänge an die Pythagoreer, denn sein Credo lässt sich umformulieren zu „Alles ist Mathematik" und damit sind wir bei dem pythagoreischen Glaubensbekenntnis „Alles ist Zahl" angelangt.

Galileo Galilei

Als junger Magister erlebte Kepler eine für sein Leben bedeutende Offenbarung. Bereits die Pythagoreer hatten sich mit der Konstruktion von zumindest dreien der fünf regulären Polyeder, uns auch unter dem Namen *platonische* Körper bekannt, befasst (Oktaeder und Ikosaeder entdeckte wahrscheinlich erst Theaitetos). Und nun kam ihm die Erleuchtung, dass gerade diese fünf Körper den gesamten Kosmos regierten. Diese aufregende Entdeckung publizierte er 1596 in seinem ersten Buch *Mysterium Cosmographicum* (Das Weltgeheimnis).

> „In diesem Buch habe ich mir, lieber Leser, zum Ziel gesetzt zu beweisen, daß der höchste Schöpfer bei der Erschaffung der Welt und der Ordnung des Himmels diejenigen fünf regulären Körper zum Vorbild genommen hat, die uns von Pythagoras und Platon her bekannt sind, und daß er nach ihrer Zahl und ihren Maßen die Anzahl der Planeten, ihre Proportionen und ihre Bahnverhältnisse festgelegt hat."

Was verbindet nun die platonischen Körper mit dem Kosmos? Schon als Student hat sich Kepler gefragt, warum es nur sechs Planeten (die Erde sowie die „klassischen" fünf, die mit dem bloßem Auge sichtbar sind und seit der Antike bekannt waren) und nicht zwanzig oder mehr gibt. (Heute lächeln wir ein wenig über diese beschränkte Weltsicht, aber bedenken wir, Planet Nummer sieben wurde erst 150 Jahre nach Keplers Tod entdeckt.) Mit einem Male ging ihm ein Licht auf, er sah plötzlich einen Zusammenhang zwischen der Existenz der sechs Planeten mit den fünf regulären Polyedern.

> „[Der Erdbahn] umschreibe ein Dodekaeder; die dieses umspannende Sphäre ist der Mars. Der Marsbahn umschreibe ein Tetraeder; die dieses umspannende Sphäre ist der Jupiter. Der Jupiterbahn umschreibe einen Würfel; die diesen umspannende Sphäre ist der Saturn. Nun lege in die Erdbahn ein Ikosaeder; die diesem einbeschriebene Sphäre ist die Venus. In die Venusbahn lege ein Oktaeder; die diesem einbeschriebene Sphäre ist der Merkur. Da hast du den Grund für die Anzahl der Planeten."

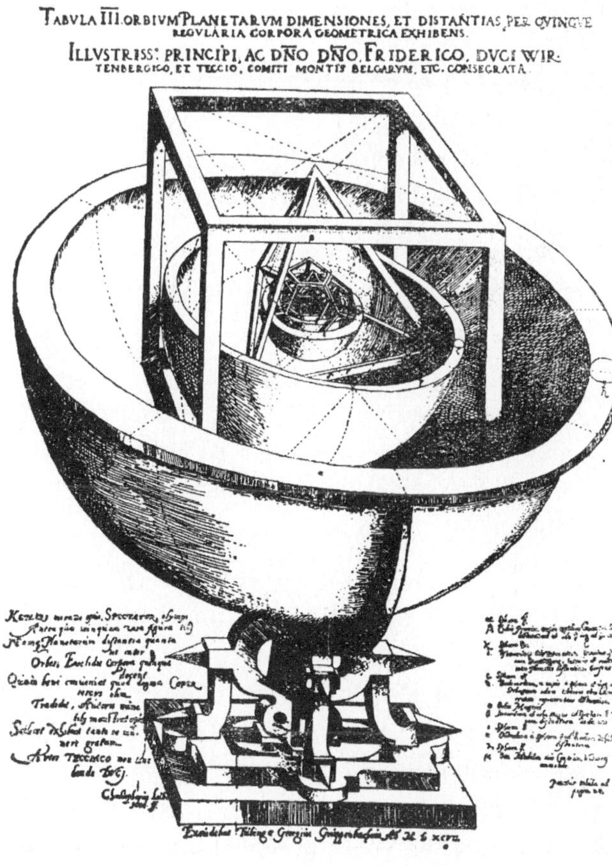

Mit Hilfe der so zwischen die Planetenbahnen gelegten platonischen Körper erzielte Kepler ein weiteres Ergebnis, nämlich die Abstandsbestimmung zwischen den einzelnen Bahnen. Die Übereinstimmung mit den empirischen Daten war aber so unzureichend, dass Kepler seine Untersuchungen fortsetzte und schließlich zu völlig anderen Ergebnissen kam.

Eine gewaltige Verbesserung der Himmelsbeobachtungen brachte die Erfindung des Fernrohrs zu Beginn des 17. Jahrhunderts. Galilei baute

1609 nach Plänen aus den Niederlanden sein erstes Fernrohr, eine Theorie dazu lieferte Kepler in den Jahren 1610/11. Es dauerte aber noch bis zum Jahr 1781, bis der Musiker und Astronom Wilhelm (William) HERSCHEL (1738–1822) einen neuen Planeten, den Uranus, fand. Auch das 19. und das 20. Jahrhundert erlebten jeweils eine Entdeckung eines Planeten: 1846 der Neptun durch Johann Gottfried GALLE (1812–1910) und 1930 der Planet Pluto durch Clyde William TOMBAUGH (*1906). Da es aber nur fünf platonische Körper gibt, wie bereits Euklid in seinen *Elementen* bewies, lassen sich die neuen Planeten nicht mehr in das ästhetisch ansprechende Weltmodell einbauen.

Tycho Brahe

Das eigentliche keplersche System erlebte seine offizielle Geburtsstunde in dem 1609 erschienenen Werk *Nova Astronomia* (Neue Astronomie). Man könnte fast meinen, dass Kepler gegen seine innere Überzeugung von den geliebten Kreisbahnen Abschied nahm. Ausgehend von den genauen Beobachtungen Tycho BRAHES (1546–1601) versuchte er die Theorie der Marsbahn in den Griff zu bekommen. Auf mühsamen und langwierigen Wegen gelangte er schließlich zu der Überzeugung, dass die wahre Bahnkurve zwischen Kreis und Oval anzusiedeln ist:

> „So hat mich die Einsicht nicht wenig gekostet, daß die Ellipse neben der Schwankung [d.h. zur Erklärung der Schwankung als Abweichung von einer angenommenen Kreisbahn] bestehen kann, wie sich in folgendem Kapitel zeigen wird. Daselbst wird auch der Beweis geführt werden, daß für den Planet keine andere Bahnfigur übrig bleibt, als eine vollkommene Ellipse..."

Als *erstes keplersches Gesetz* ist diese „Einsicht" in die Literatur eingegangen. Auf den ersten Blick scheint es, dass diese Bahn nur für den Mars nachgewiesen wurde. Aus Keplers physikalischen Betrachtungen über die Ursachen der Elliptizität geht jedoch hervor, dass er das gesamte Planetensystem meinte. Warum sollte ein Körper, der sich auf einer vollkommenen Kreisbahn bewegt, seine Geschwindigkeit ändern? Kepler fand die Ursache, nämlich die *Sonne*. Von ihr geht eine *anima motrix*, also eine bewegende Kraft aus, die alle Planeten antreibt. Vergleichbar mit einer magnetischen Kraft, wie sie im Jahr

1600 der Naturforscher und Arzt William GILBERT (1544–1603) in seinem Werk *De Magnete* (Vom Magneten) untersucht hat. (Gilbert war u.a. auch Leibarzt der englischen Königin Elisabeth I.) Und diese bewegende Kraft muss, wie das Licht, mit wachsender Entfernung von der Quelle schwächer werden. Ein Charakteristikum für das Kraftverständnis Keplers kommt durch die Wahl des Wortes *anima* anstatt von *vis* zum Ausdruck: Fernkräfte interpretiert er anscheinend als Seelenkräfte (anima = Seele). Seine Anschauungen über die Naturgesetze sind also noch von animistischen Vorstellungen durchsetzt, obwohl er bei seinen Überlegungen die empirischen Beobachtungen berücksichtigt. In diesem Sinn beschreibt Kepler die Planetenbewegungen als ein Ringen des „Planetengeistes“ mit seinen tierischen und magnetischen Fähigkeiten.

Im kopernikanischen System ist der Abstand eines Planeten von der Sonne variabel. In Sonnennähe muss der Planet, so Kepler, stärker angetrieben werden und sich somit schneller im Weltraum bewegen als in Sonnenferne. Die bahnbrechende Leistung Keplers besteht nun darin, dass er nicht versucht, diese Unregelmäßigkeit hinwegzugeometrisieren, wie es noch Kopernikus getan hat, sondern er macht sie zur Grundlage seiner Astronomie. Er verwendet als erster bei der mathematischen Beschreibung der Planetenbahnen nicht singuläre Kreise, die erst in ihrer Zusammensetzung die beobachtete Bahnkurve ergeben, sondern er betrachtet die Bewegung als Ganzheit und kommt so zur Ellipse. Die Dominanz der Kreisbahn bei all seinen Vorgängern seit der Antike ersetzt er durch die Dominanz der Sonne.

Die Suche nach Harmonien in den Bahnwerten der Planeten durchzieht das gesamte Schaffen Keplers. Bei seinen Überlegungen blickte er weit zurück bis zu dem Ursprung der mathematischen Physik bei den Pythagoreern: Pythagoras selbst soll ja entdeckt haben, dass den drei musikalischen Grundkonsonanzen einfache Zahlenverhältnisse entsprechen. Die geradlinige Saite des Monochords bog Kepler zu einem Kreis, in den er mit Zirkel und Lineal konstruierbare Polygone einbeschrieb. Die Zauberkraft des Kreises ließ ihn doch nicht los. Aus den Kreisteilungsverhältnissen hoffte er alle Konsonanzen gewinnen zu können: die Kreisgeometrie sah er gleichsam als Mutter der Harmonie.

In dem jeweiligen Verhältnis der Maximalgeschwindigkeit des einen Planeten und der Minimalgeschwindigkeit des anderen glaubte er die wohlklingenden Intervalle, wie z.B. die Oktave, gefunden zu haben, und er suchte nun weiter nach einem Zusammenhang zwischen Geschwindigkeit und Abstand der

Planeten. 1619 veröffentlichte er seine Überlegungen in dem Werk *Harmonices Mundi Libri V* (Fünf Bücher [= Kapitel] der Weltharmonik). Hierin findet sich auch das wichtige Ergebnis, das wir heute als *drittes keplersches Gesetz* bezeichnen:

> „Allein ist es ganz sicher und stimmt vollkommen, daß die Proportion, die zwischen den Umlaufszeiten irgend zweier Planeten besteht, genau das Anderthalbe der Proportion der mittleren Abstände, d.h. der Bahnen selber ist…"

In dieser euklidischen Ausdrucksweise bedeutet das „Anderthalbe der Proportion" die Potenz $1\frac{1}{2} = \frac{3}{2}$, so dass die algebraische Formulierung der Aussage lautet:

$$T_1 : T_2 = (a_1 : a_2)^{\frac{3}{2}} .$$

Daraus folgt in gewohnter Formulierung:

$$T^2 : a^3 = \text{konstant.}$$

Im letzten Kapitel der *Harmonices Mundi* dichtet Kepler gleichsam als Höhepunkt seiner Sonnenanbetung einen Hymnus an die Sonne. Ersetzen wir hier die Sonne durch den Begriff *Zentralfeuer*, dann sind wir nicht nur bezüglich des Inhalts, sondern auch bezüglich der Wortwahl bei Philolaos angelangt. Kepler erweist sich durch und durch als Pythagoreer. Seine „heilige Raserei" (Zitat Kepler) erinnert gar an den Meister selbst. Hat nicht Pythagoras die Seelenwanderung gelehrt? Ist die Seele des Pythagoras vielleicht in der Gestalt des Johannes Kepler wiedergekommen? Eine schöne Spekulation – oder gar mehr?

4.2.5 Entdecken durch Variieren

Nach diesem Ausflug in die Astronomie kehren wir zurück zur Elementargeometrie, zu dem nach Pythagoras benannten Lehrsatz.

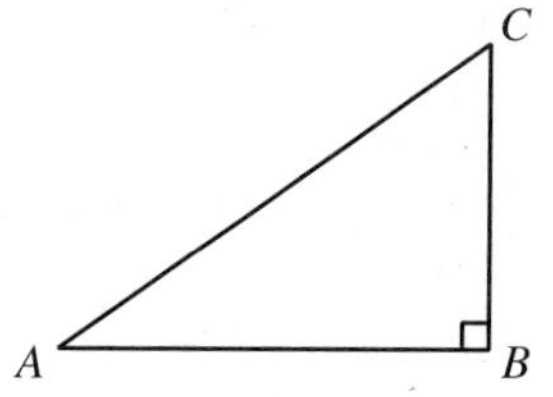

Wir betrachten ein rechtwinkliges Dreieck *ABC* mit rechtem Winkel bei *B*. Hier gilt der Lehrsatz des Pythagoras:

$$\overline{AC}^2 = \overline{AB}^2 + \overline{BC}^2. \quad (4.1)$$

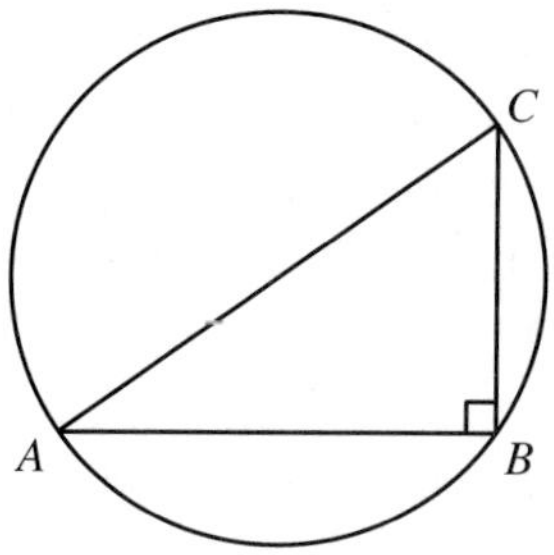

Als nächstes zeichnen wir den Thaleskreis über [*AC*].

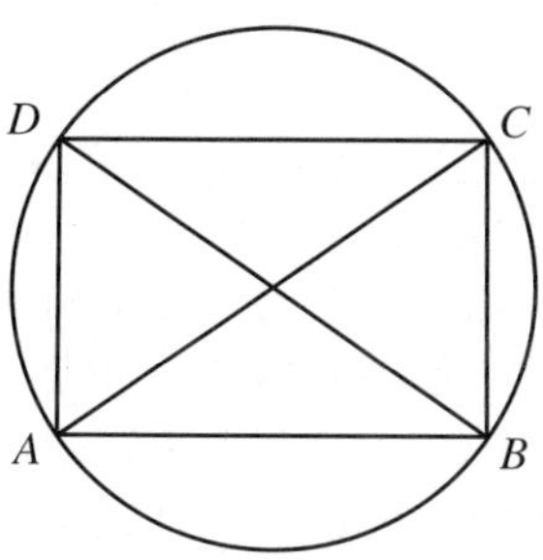

B wird am Mittelpunkt des Thaleskreises gespiegelt. Wir erhalten so das Rechteck *ABCD*. Wegen

$\overline{AC} = \overline{BD}$, $\overline{AB} = \overline{CD}$ und $\overline{BC} = \overline{DA}$ lässt sich (4.1)

umschreiben in:

$$\overline{AC} \cdot \overline{BD} = \overline{AB} \cdot \overline{CD} + \overline{BC} \cdot \overline{DA}. \quad (4.2)$$

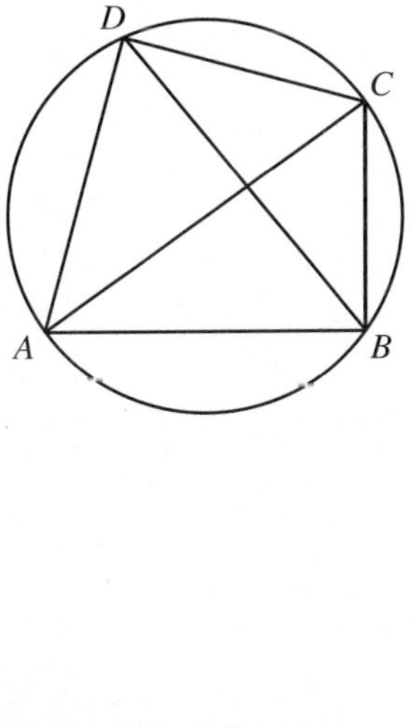

Wir verschieben einen oder mehrere der Eckpunkte auf der Kreislinie so, dass das Rechteck in ein beliebiges konvexes Sehnenviereck übergeht. Von einer speziellen Figur, einem Rechteck, gelangen wir so zu einer allgemeineren Figur, einem Sehnenviereck. Was passiert bei diesem Vorgehen mit der Gleichung (4.2)? Behält diese Beziehung zwischen Diagonalen- und Seitenlängen auch für ein beliebiges Sehnenviereck *ABCD* ihre Gültigkeit?

Diese Frage können wir positiv beantworten, und damit sind wir wieder bei Ptolemaios angelangt. Er kannte bereits folgendes Ergebnis:

In einem konvexen Sehnenviereck ABCD ist das Produkt der Längen der Diagonalen gleich der Summe der Produkte der Längen der beiden Paare von Gegenseiten.

Das Variieren von Eckpunkten auf dem Umkreis hat uns vom Lehrsatz des Pythagoras zu einem Diagonalensatz für Sehnenvierecke, dem sog. *Satz des Ptolemaios,* geführt. Ziemlich sicher war dieses Ergebnis bereits vor Ptolemaios bekannt, doch sein Beweis ist der älteste, der uns überliefert ist. Der Lehrsatz hatte für Ptolemaios eine eminent praktische Bedeutung, er brauchte ihn für seine astronomischen Berechnungen. Denn damit konnte er ein dem Additionstheorem für den Sinus äquivalentes Theorem für die Sehnenfunktion nachweisen, das grundlegend für das Aufstellen seiner Sehnentafeln ist. An diesem Beispiel lässt sich wieder ein *Bedeutungswandel* mathematischer Ergebnisse festmachen; der Anwendungsaspekt ist verloren gegangen, übrig geblieben ist ein interessanter elementargeometrischer Lehrsatz. Betrachten wir zunächst zwei Beweise dazu.

4.2.6 Beweisen mit einem eingeschränkten Vorrat an Hilfsmitteln

Allein mit Hilfe der Kongruenz- und Ähnlichkeitssätze sowie dem Umfangswinkelsatz lassen sich leichte bis anspruchsvolle Beweisaufgaben in der Elementargeometrie erstellen. Das macht u.a. den Reiz und auch die Schwierigkeit elementargeometrischer Aufgaben in Mathematikwettbewerben aus. Für den Satz des Ptolemaios brauchen wir u.a. die Ähnlichkeitssätze als Hilfsmittel.

Unter der Voraussetzung, dass $ABCD$ ein konvexes Sehnenviereck ist, müssen wir die Gültigkeit der Gleichung

$$\overline{AB} \cdot \overline{CD} + \overline{BC} \cdot \overline{AD} = \overline{AC} \cdot \overline{BD}$$

zeigen. Da die Ausgangsfigur keine ähnlichen Dreiecke enthält, gehen wir nach der Strategie vor: *Zeichne eine geeignete Hilfslinie.*

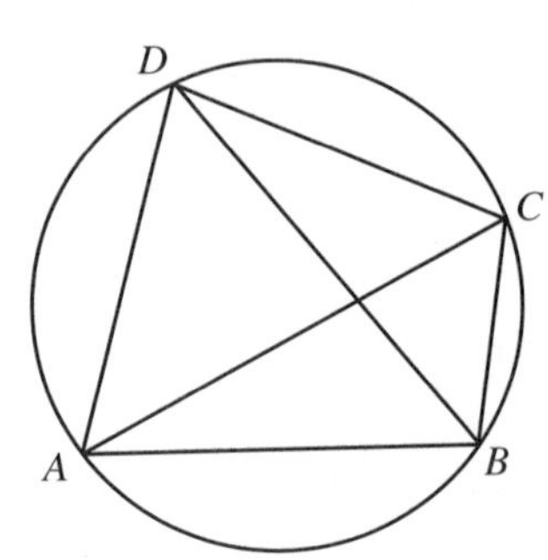

Der übliche Beweis spielt sich innerhalb des Sehnenvierecks ab. Der $\sphericalangle BDC$ wird an $[DA]$ nach innen angetragen und auf diese Weise lässt sich ein zu ΔDBC ähnliches Dreieck erzeugen.

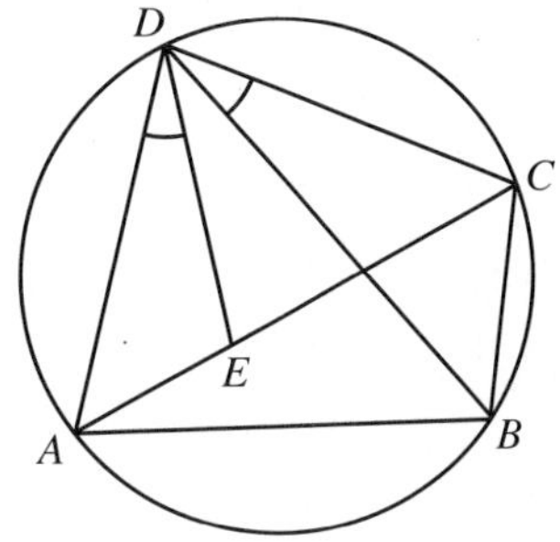

Der Schnittpunkt des freien Schenkels mit der Diagonalen $[AC]$ heißt E.

$$\Delta DBC \sim \Delta DAE \Rightarrow \frac{\overline{AD}}{\overline{AE}} = \frac{\overline{BD}}{\overline{BC}},$$

$$\Delta ECD \sim \Delta ABD \Rightarrow \frac{\overline{EC}}{\overline{CD}} = \frac{\overline{AB}}{\overline{BD}}.$$

Beseitigen der Nenner durch Multiplikation und anschließende Addition der beiden Gleichungen ergeben:

$$\overline{AD} \cdot \overline{BC} + \overline{AB} \cdot \overline{CD} = \overline{AE} \cdot \overline{BD} + \overline{EC} \cdot \overline{BD} = (\overline{AE} + \overline{EC}) \cdot \overline{BD} = AC \cdot \overline{BD}. \qquad \square$$

In der nun folgenden *Beweisvariante* wird der $\measuredangle BDC$ zwar auch an $[DA]$ angetragen, aber diesmal nach außen. Wir verlassen also das Innere des Sehnenvierecks.

Der Schnittpunkt des freien Schenkels mit der Verlängerung von $[AB]$ liefert den Punkt E. Aufgrund der Konstruktion und wegen $\measuredangle EAD = \measuredangle BCD$ ($\measuredangle DAB = 180° - \measuredangle BCD$, Sehnenviereck!) gilt:

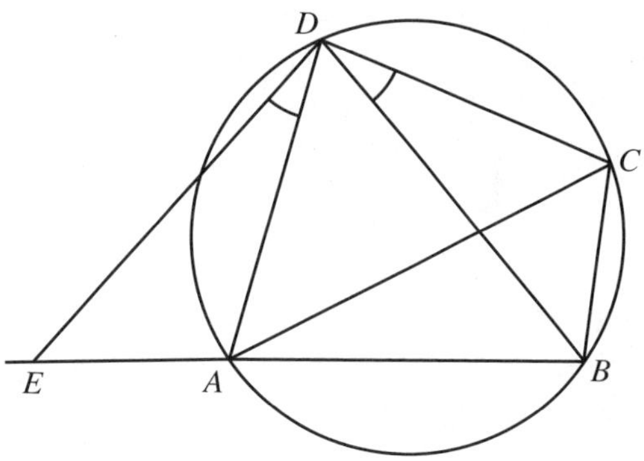

$$\Delta DEA \sim \Delta DBC,$$

und somit ist

$$\frac{\overline{DE}}{\overline{DB}} = \frac{\overline{DA}}{\overline{DC}} = \frac{\overline{EA}}{\overline{BC}}. \qquad (4.3)$$

Wegen $\measuredangle EDB = \measuredangle ADC$ und (4.3) folgt:

$$\Delta EBD \sim \Delta ACD.$$

Damit erhalten wir:

$$\frac{\overline{EB}}{\overline{AC}} = \frac{\overline{DB}}{\overline{DC}} \,. \qquad (4.4)$$

In die Gleichung $\overline{EB} = \overline{EA} + \overline{AB}$ (siehe Figur) werden für $\overline{EB}$ bzw. $\overline{EA}$ Terme eingesetzt, die sich aus (4.3) bzw. (4.4) ergeben:

$$\frac{\overline{AC} \cdot \overline{DB}}{\overline{DC}} = \frac{\overline{DA} \cdot \overline{BC}}{\overline{DC}} + \overline{AB}.$$

Die Multiplikation dieser Gleichung mit $\overline{DC}$ liefert schließlich die gewünschte Beziehung, und damit ist der zweite Beweis des Satzes des Ptolemaios abgeschlossen. □

4.2.7 Ein Blick auf die Verwandtschaft

In die Verwandtschaft eines Lehrsatzes dringt man am besten vor, indem man versucht, dessen Aussage umzukehren, bzw. daran geht, die Voraussetzungen zu variieren. Ein Wechseln der Dimension bietet sich ebenfalls an: Gilt eine entsprechende Aussage auch im drei- oder höherdimensionalen Raum? Diese Art des Vorgehens werden wir im nächsten Kapitel auch am Lehrsatz des Pythagoras durchführen und so neue Resultate erzielen, die zum ursprünglichen Satz in graduell unterschiedlichen Verwandtschaftsbeziehungen stehen. Es ist wie im richtigen Leben, es gibt eben nahe und entfernte Verwandte.

Unsere Aufmerksamkeit gilt nun einer Verallgemeinerung des Satzes des Ptolemaios, und zwar in einer ganz bestimmten Richtung. Wir schwächen die Voraussetzung ab und fragen: Welche Beziehung gilt zwischen den Diagonalen und den Seitenlängen eines Vierecks *ABCD*, wenn es kein Sehnenviereck ist? Eine Antwort hat im 19. Jahrhundert der uns bereits aus Kapitel 3 bekannte Gothaer Gymnasiallehrer Carl A. Bretschneider gefunden. Allerdings verlassen wir damit die reine Elementargeometrie, da Bretschneider für sein Ergebnis die Kosinusfunktion benötigt. Es gilt:

In jedem beliebigen Viereck ABCD ist das Produkt der Quadrate der beiden Diagonalen gleich der Summe der Produkte je zweier Gegenseiten im Quadrat vermindert um das zweifache Produkt aller vier Seiten und dem Kosinus der Summe zweier Gegenwinkel:

$$\overline{AC}^2 \cdot \overline{BD}^2 = \overline{AB}^2 \cdot \overline{CD}^2 + \overline{AD}^2 \cdot \overline{BC}^2 - 2\,\overline{AB} \cdot \overline{BC} \cdot \overline{CD} \cdot \overline{DA} \cos(\alpha + \gamma).$$

Bei dem Nachweis dieser Aussage orientierten wir uns an unserem ersten Beweis des Satzes des Ptolemaios, den wir gewissermaßen als Muster übernehmen. Diese Vorgehensweise lohnt sich unter dem Stichwort ‚verwandte Aussage – verwandte Beweisidee' in die Strategieliste aufzunehmen. Wir benötigen also ähnliche Dreiecke im Innern des Vierecks *ABCD*. Wiederum arbeiten wir nach der Methode, geeignete Hilfslinien einzuzeichnen.

Zunächst konstruieren wir ein zu dem ΔDBC ähnliches ΔABE ($\sphericalangle ABE = \sphericalangle DBC$, $\sphericalangle BAE = \sphericalangle BDC$). Aus der Ähnlichkeit dieser beiden Dreiecke folgt:

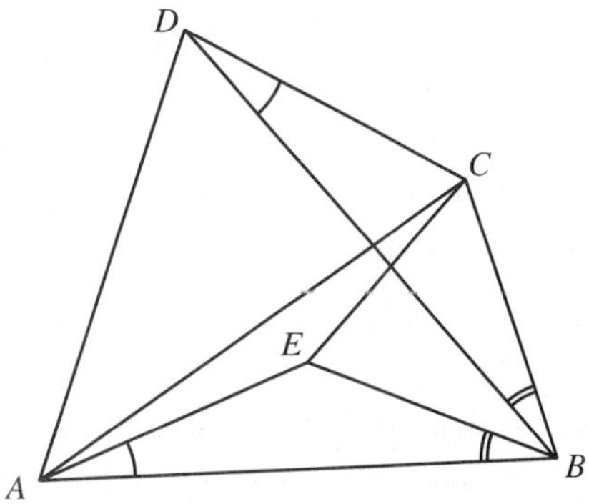

$$\frac{\overline{AB}}{\overline{DB}} = \frac{\overline{AE}}{\overline{DC}} = \frac{\overline{BE}}{\overline{BC}}. \qquad (4.5)$$

Auch hier brauchen wir ein zweites Paar ähnlicher Dreiecke. Wegen $\sphericalangle ABD = \sphericalangle EBC$ und dem gleichen Verhältnis anliegender Seiten (siehe (4.5)) erhalten wir

$$\Delta ABD \sim \Delta EBC$$

und

$$\frac{\overline{AD}}{\overline{DB}} = \frac{\overline{CE}}{\overline{BC}}. \qquad (4.6)$$

Aus (4.5) und (4.6) folgt:

$$\overline{AE} = \frac{\overline{AB} \cdot \overline{DC}}{\overline{DB}} \text{ bzw. } \overline{CE} = \frac{\overline{AD} \cdot \overline{BC}}{\overline{DB}}. \qquad (4.7)$$

Der Kosinussatz, angewandt auf ΔACE, liefert:

$$\overline{AC}^2 = \overline{AE}^2 + \overline{CE}^2 - 2\overline{AE} \cdot \overline{CE} \cdot \cos(\sphericalangle AEC). \qquad (4.8)$$

$$\sphericalangle AEC = 360° - (\sphericalangle AEB + \sphericalangle BEC) = 360° - (\alpha + \gamma), \qquad (4.9)$$

da $\sphericalangle AEB = \gamma$ (wegen $\Delta ABE \sim \Delta DBC$) und $\sphericalangle CEB = \alpha$ (wegen $\Delta ABD \sim \Delta BEC$).

Setzen wir nun (4.9) und (4.7) in (4.8) ein, so folgt die Behauptung. □

Bemerkung: Im Beweis sind wir davon ausgegangen, dass E unterhalb der Diagonalen $[AC]$ liegt. Wegen $\cos(360° - \varphi) = \cos\varphi$ gilt die Aussage aber auch für E oberhalb $[AC]$ und damit für beliebige Vierecke.

Nun überprüfen wir die Verwandtschaft der gezeigten Aussage mit dem Satz des Ptolemaios. Handelt es sich bei dem Viereck $ABCD$ um ein Sehnenviereck, so ist die Summe zweier Gegenwinkel gleich 180°, und damit gilt $\cos(\alpha + \gamma) = \cos 180° = -1$. Eingesetzt in obige Gleichung erhalten wir:

$$\overline{AC}^2 \cdot \overline{BD}^2 = \overline{AB}^2 \cdot \overline{CD}^2 + \overline{AD}^2 \cdot \overline{BC}^2 + 2\,\overline{AB} \cdot \overline{BC} \cdot \overline{CD} \cdot \overline{DA} = (\overline{AB} \cdot \overline{CD} + \overline{AD} \cdot \overline{BC})^2.$$

Jetzt muss lediglich die Quadratwurzel gezogen werden und wir sind beim Ptolemaios angelangt. Es handelt sich also um eine echte Verallgemeinerung.

Bei unseren Betrachtungen geht es hier um einen Zusammenhang zwischen den Längen der Diagonalen und den Seitenlängen eines Sehnenvierecks bzw. eines beliebigen Vierecks. Die Diagonalen eines Vierecks kann man als besondere *Ecktransversalen* ansehen, und mit dieser Sichtweise gelangen wir unmittelbar zu einem weiteren Verwandten.

Zunächst benötigen wir ein Ergebnis aus der Dreiecksgeometrie. Für Dreiecke gibt es eine Beziehung zwischen der Länge einer Ecktransversale und den Seitenlängen. Diesen Zusammenhang hat erstmals 1746 der schottische Mathematiker Matthew STEWART (1717–1785) in seiner in Edinburgh veröffentlichten Abhandlung *Some general theorems of considerable use in the higher parts of mathematics* mitgeteilt. Wir ziehen nun *considerable use* aus einer vereinfachten Form seines Resultats.

In einem Dreieck ABC ist ein Punkt T auf der Seite [BC] gegeben. Dann gilt:

$$\overline{BC} \cdot \overline{AT}^2 = \overline{TB} \cdot \overline{AC}^2 + \overline{CT} \cdot \overline{AB}^2 - \overline{BC} \cdot \overline{CT} \cdot \overline{TB}.$$

Dieser Lehrsatz hat auch einen direkten Bezug zum Satz des Pythagoras. Man kommt mit ihm als alleiniges Beweishilfsmittel aus, indem man ihn dreimal anwendet.

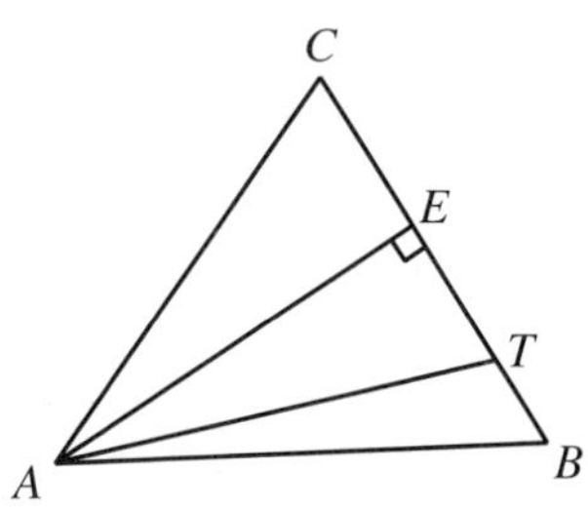

Mit E wird der Fußpunkt des Lotes von A auf CB bezeichnet. Wir nehmen nun an, dass E zwischen T und C liegt (vgl. Figur). Falls dem nicht so ist (dies ist abhängig von der Gestalt des Dreiecks ABC), muss der nachfolgende Beweis entsprechend geringfügig modifiziert werden. Um solche „Lapalien" machen sich Mathematiker keine weiteren Gedanken und sagen schlicht: O.B.d.A. liegt E zwischen T und C.

Die ominiöse Abkürzung O.B.d.A. bedeutet *ohne Beschränkung der Allgemeinheit*. Mit diesem Kürzel gibt man zwei Dinge zu erkennen:
(1) Es wird nur ein Teil der Aussage explizit bewiesen.
(2) Die Gesamtaussage folgt ohne Schwierigkeit aus dem tatsächlich Bewiesenen.

Näheres dazu erfahren Sie in dem nützlichen Büchlein [7] von A. Beutelspacher.

Dreimaliges Anwenden des Satzes des Pythagoras liefert:

$$\Delta ACE: \quad \overline{AC}^2 = \overline{CE}^2 + \overline{AE}^2 \tag{4.10}$$

$$\Delta ABE: \quad \overline{AB}^2 = \overline{BE}^2 + \overline{AE}^2 \tag{4.11}$$

$$\Delta ATE: \quad \overline{AE}^2 = \overline{AT}^2 - \overline{ET}^2. \tag{4.12}$$

Durch Einsetzen von (4.12) in (4.10) bzw. (4.11) erhalten wir:

$$\begin{aligned}\overline{AC}^2 &= \overline{CE}^2 - \overline{ET}^2 + \overline{AT}^2 = (\overline{CE} - \overline{ET})(\overline{CE} + \overline{ET}) + \overline{AT}^2\\ &= (\overline{CE} - \overline{ET}) \cdot \overline{CT} + \overline{AT}^2,\end{aligned}$$

$$\begin{aligned}\overline{AB}^2 &= \overline{BE}^2 - \overline{ET}^2 + \overline{AT}^2 = (\overline{BE} - \overline{ET})(\overline{BE} + \overline{ET}) + \overline{AT}^2\\ &= (\overline{BE} + \overline{ET}) \cdot \overline{TB} + \overline{AT}^2,\end{aligned}$$

und durch weiteres Umformen und Multiplizieren der Gleichungen mit $\overline{TB}$ bzw. $\overline{CT}$:

$$\begin{aligned}\overline{TB} \cdot \overline{AC}^2 &= \overline{TB} \cdot \overline{CE} \cdot \overline{CT} - \overline{TB} \cdot \overline{ET} \cdot \overline{CT} + \overline{TB} \cdot \overline{AT}^2,\\ \overline{CT} \cdot \overline{AB}^2 &= \overline{CT} \cdot \overline{BE} \cdot \overline{TB} + \overline{CT} \cdot \overline{ET} \cdot \overline{TB} + \overline{CT} \cdot \overline{AT}^2.\end{aligned}$$

Addition dieser beiden Gleichungen liefert:

$$\overline{TB} \cdot \overline{AC}^2 + \overline{CT} \cdot \overline{AB}^2 = \overline{CT} \cdot \overline{TB}\underbrace{(\overline{CE} + \overline{EB})}_{\overline{BC}} + \underbrace{(\overline{CT} + \overline{TB})}_{\overline{BC}}\overline{AT}^2,$$

und damit haben wir unser gewünschtes Ergebnis. □

Falls Sie nun Appetit auf eine Fassung des Satzes von Stewart bekommen haben, die von der Lage des Punktes T auf der Geraden CB unabhängig ist, so empfehle ich die Lektüre von [4].

Jetzt haben wir zwar fleißig Elementargeometrie betrieben, aber vielleicht dabei den „roten Faden“ verloren. Zur Erinnerung, unser Ziel ist es, eine weitere ptolemaiische Verwandtschaft aufzuspüren. Dazu betrachten wir jetzt ein recht seltsames Viereck $ABCD$. Die Eckpunkte B, C, D sollen nämlich kollinear sein, d.h. auf einer Geraden liegen.

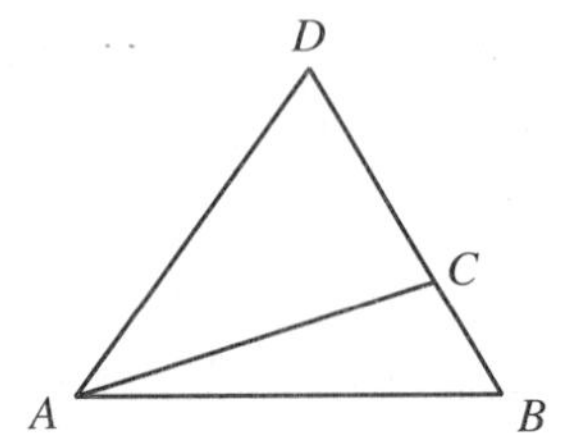

Das Viereck $ABCD$ ist somit zu einem Dreieck entartet. Ein solch seltsames Viereck hat keinen Umkreis, ist also kein Sehnenviereck. Daher lässt sich nur der verallgemeinerte Satz des Ptolemaios anwenden. Und jetzt können wir durch Nachrechnen feststellen, dass dieser für entartete Vierecke in den Satz des Stewart übergeht.

Ziehen wir ein kurzes Fazit: Unsere Überlegungen in den beiden Abschnitten 4.2.5 bzw. 4.2.7 haben einige verborgene Beziehungen zwischen elementargeometrischen Aussagen aufgedeckt, die auf den ersten flüchtigen Blick gar nichts miteinander zu tun haben. Es handelte sich zunächst um die Sätze des Pythagoras und des Ptolemaios. Mit dem Aufdecken der Verwandtschaft schlagen wir eine Brücke vom 6. Jahrhundert v.Chr. in das 2. Jahrhundert n.Chr. In dieses Beziehungsgeflecht gehört auch noch der Satz des Stewart, und damit sind wir im 18. Jahrhundert. Für die notwendige Verknüpfung sorgte ein Ergebnis des 19. Jahrhunderts, der verallgemeinerte Ptolemaios.

4.2.8 Der Brauchwert des Ptolemaios

Lohnt es sich, bei einem elementargeometrischen Satz wie dem des Ptolemaios nach einer Anwendung zu fragen? Ist er überhaupt nützlich? Begeisterte Elementargeometer stellen niemals eine solche profane Frage. Sie freuen sich einfach über den interessanten Zusammenhang zwischen den Seiten- und Diagonalenlängen eines Sehnenvierecks. Die Frage nach einer praktischen Anwendung oder dem Brauchwert des Lehrsatzes – eine geradezu schaurige Wortschöpfung – führt uns geradewegs zu den bereits erwähnten Sehnentafeln des Ptolemaios. Die antiken Astronomen betrieben Geometrie nämlich nicht um ihrer selbst willen, für sie war die Geometrie eine wichtige Hilfswissenschaft. An dieser·Einschätzung der Mathematik hat sich bis in unsere Tage nichts Grundlegendes geändert. Das muss man einfach akzeptieren, auch wenn dies viele Mathematiker nur ungern wahrhaben wollen. Aber immerhin ist diese Hilfswissenschaft so nützlich und so notwendig, dass ohne sie unser technologischer Fortschritt, den wir zum Überleben brauchen, nicht möglich wäre.

> „Too few people recognize that the high technology celebrated today is essentially mathematical technology."

Diese Feststellung von Edward B. David, dem Präsidenten der Exxon Research Company, stimmt die Mathematiker schon wieder etwas versöhnlicher, sie können mit sich und der Welt ziemlich zufrieden sein.

Zitieren wir nochmals den scharfsinnigen Göttinger Physiker Lichtenberg. Für ihn ist die Astronomie „vielleicht diejenige Wissenschaft, worin das wenigste durch Zufall entdeckt worden ist, wo der menschliche Verstand in seiner ganzen Größe erscheint und wo der Mensch am besten lernen kann, wie klein er ist". Im Zusammenhang mit astronomischen Beobachtungen entstand die Notwendigkeit, Winkel zu messen und Winkelfunktionen einzuführen. Letztere wurden in sog. Sehnentafeln tabelliert. Mit ihrer Hilfe kann man unbekannte Bestimmungsstücke eines Dreiecks aus bekannten Größen berechnen. Hier schlug also die Geburtsstunde der Trigonometrie. Tafelwerke dieser Art fanden bis in die 70er Jahre unseres Jahrhunderts Verwendung. Erst mit der Verbreitung der elektronischen Taschenrechner hatten sie ausgedient. Obwohl dies noch gar nicht so lange her ist, kann man sich kaum mehr an das Arbeiten mit Logarithmen- und Sinustafeln erinnern.

Die älteste Winkelfunktion ist die Sehne, die zu einem Zentriwinkel gehört. Diese sog. Sehnenfunktion $S(\alpha)$ hängt eng mit der Sinusfunktion zusammen ($S(\alpha) = 2r \sin\frac{\alpha}{2}$). Im *Almagest* findet sich eine vollständig erhaltene Sehnentafel. In ihr werden mit der Schrittweite $\frac{1}{2}^\circ$ zu den Winkelwerten zwischen 0° und 180° die zugehörigen Sehnenlängen angegeben.

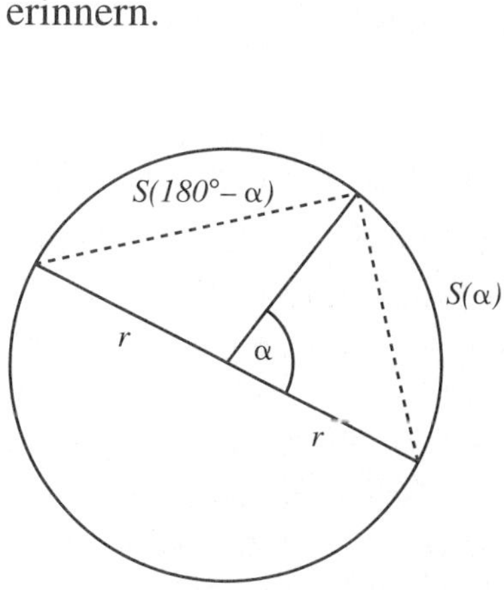

Der bereits erwähnte Hipparchos, auf dessen Beobachtungen sich Ptolemaios bei der Entwicklung seiner Theorie der Planetenbewegungen stützte, hatte ebenfalls eine Sehnentafel berechnet, die allerdings nicht mehr erhalten ist. Das Wissen über die einstige Existenz dieses Werkes *über die Sehnen im Kreise* verdanken wir einer Bemerkung Theons von Alexandria (4. Jahrhundert n. Chr.).

Seinen Platz in der Geschichte der Mathematik sicherte sich Theon durch eine Bearbeitung der *Elemente* des Euklid, auf die alle bis zum Beginn des 19. Jahrhunderts bekannt gewordenen griechischen, arabischen und lateinischen Textfassungen zurückgehen. Den Nachweis dieser Textabhängigkeit verdanken wir kurioserweise dem ptolemaiischen *Almagest,* oder genauer gesagt, dem Kommentar des Theon zum *Almagest.* Hier erwähnt Theon eine von ihm vorgenommene Ergänzung zu einer Proposition in den *Elementen,* und diese Ergänzung findet sich in allen Fassungen der *Elemente.* Erst 1808 entdeckte ein französischer Bibliothekar in alten Manuskripten, die während des napoleonischen Feldzugs aus der Bibliothek des Vatikans „mitgenommen" wurden, ein griechisches Pergamentmanuskript, das auf eine vortheonische Vorlage zurückgehen muss, da u.a. die bewusste Ergänzung fehlte. Diesen Kodex verwenden alle modernen Ausgaben der *Elemente* als Hauptquelle.

Theon hatte beim Verfassen seines *Almagest*-Kommentars eine Mitautorin. Es ist kein Druckfehler, Sie lesen richtig, eine Dame betritt die Bühne der antiken mathematischen Welt. Vielleicht gab es bereits vor ihr Mathematikerinnen, aber Hypatia (370–415), die Tochter Theons, ist die erste Mathematikerin, deren Namen bekannt ist und über deren Werke einiges gesagt werden kann. Da das theonische Album mit den Familienbildern leider nicht erhalten ist, finden sich etliche verschiedene Hypatia-Porträts in der Literatur, rechts sehen Sie eines davon.

Hypatia

Eine gründliche Ausbildung in Mathematik und Philosophie erhielt Hypatia von ihrem Vater. Kommentare zu Werken von Archimedes, Apollonios, Pappos und Diophant stammen aus ihrer Feder, außerdem war sie eine angesehene Lehrerin in Alexandria. Das Schicksal meinte es nicht gut mit ihr. Unglücklicherweise geriet sie zwischen die Fronten eines Konflikts zwischen dem christlichen Patriarchen und dem römischen Präfekten ihrer Heimatstadt. Christliche Fanatiker beschuldigten sie, heidnische Tendenzen in der Stadt zu unterstützen, überfielen sie auf offener Straße und ermordeten sie auf grausame Weise. Dies geschah im Jahr 415 n.Chr.; mit Hypatia erlosch die glorreiche Tradition griechischer Mathematik in Alexandria.

Von diesem Niedergang hat Ptolemaios noch nichts geahnt. Er blickte gen Himmel und versuchte das System der Planetenbahnen in den Griff zu bekommen. Wie hat er nun seine Sehnentafel aufgestellt?

Entscheidend für seine Berechnungen ist die Möglichkeit, aus $S(\alpha)$ und $S(\beta)$ auch $S(\alpha+\beta)$ und $S(\alpha-\beta)$ zu bestimmen. Dies erreicht er mit Hilfe des uns mittlerweile bekannten Lehrsatzes. Falls Sie eine Erinnerungslücke haben, blättern Sie zurück (Abschnitt 4.2.5) und machen sich nochmals mit dieser Aussage über Sehnenvierecke vertraut. Wir müssen sie gleich anwenden.

Wichtig ist die geeignete Wahl des Sehnenvierecks. Zur Bestimmung von $S(\alpha-\beta)$ muss $[AB]$ Durchmesser sein.

Es sei nun der Bogen $AC = \alpha$ und der Bogen $AD = \beta$, dann folgt $DC = \alpha - \beta$. Anwenden des Ptolemaios auf die zugehörigen Sehnen ergibt:

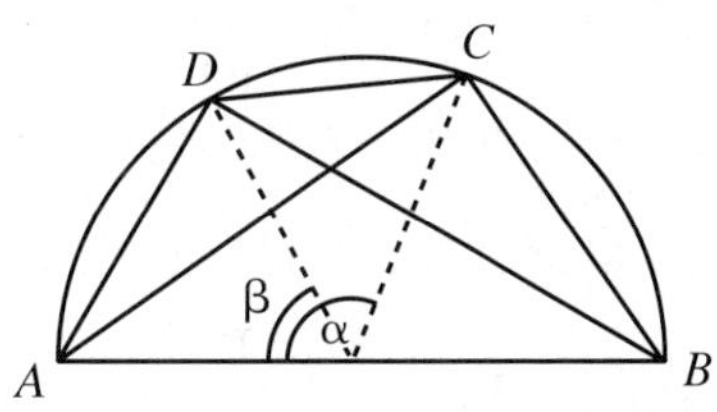

$$S(\alpha) \cdot S(180° - \beta) = S(\beta) \cdot S(180° - \alpha) + 2r \cdot S(\alpha - \beta),$$

und daraus lässt sich $S(\alpha-\beta)$ berechnen.

Um $S(\alpha+\beta)$ zu bestimmen, wählen wir $[AC]$ als Durchmesser.

Es sei der Bogen $AD = \alpha$ und $AB = \beta$. Jetzt liefert der Ptolemaios die Gleichung:

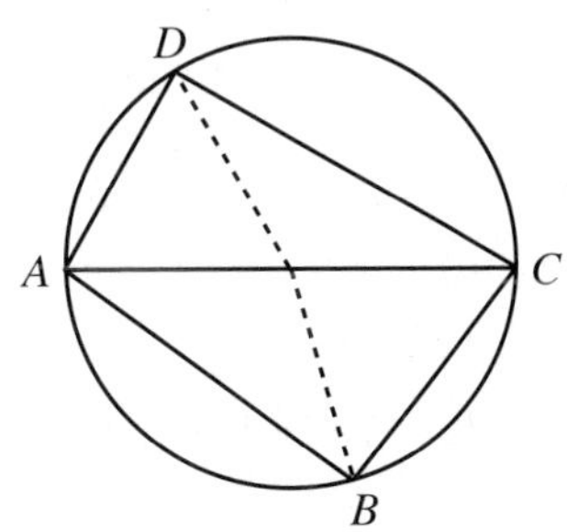

$$2r \cdot S(\alpha + \beta) = S(\alpha) \cdot S(180° - \beta) + S(\beta) \cdot S(180° - \alpha).$$

Diejenigen, die etwas in Trigonometrie bewandert sind, hatten soeben sicherlich ein Aha-Erlebnis. Denn diese Ergebnisse riechen schon sehr nach den Additionstheoremen der Sinusfunktion. In der Tat lassen sich diese „Vorläufer“ ohne Schwierigkeiten in die uns geläufigen Formeln übertragen.

Jetzt kann Ptolemaios – diesmal ist nicht der Lehrsatz, sondern der Astronom gemeint – endlich mit den konkreten Vorbereitungen zur Tabellierung loslegen. Die Seitenlängen der regelmäßigen Drei-, Vier- und Zehnecke liefern die Längen der Sehnen $S(60°)$, $S(90°)$, $S(36°)$. Mit Hilfe der obigen Additionstheoreme erhält er hieraus $S(24°)$ und anschließend $S(12°)$ bzw. $S(6°)$.

Für sein weiteres Vorgehen braucht er eine Möglichkeit, bei gegebener Sehne $S(\alpha)$ diejenige zu bestimmen, die zu dem halben Zentriwinkel $\frac{\alpha}{2}$ gehört.

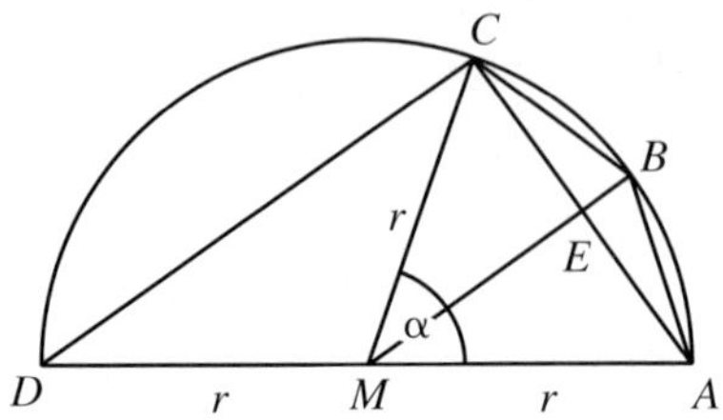

Es sei der Bogen $AC = \alpha$. Zu dem halbierten Winkel gehört die Sehne $S(\frac{\alpha}{2}) = \overline{AB}$. Nach dem Lehrsatz des Pythagoras gilt:

$$S^2\left(\frac{\alpha}{2}\right) = \overline{AB}^2 = \overline{AE}^2 + \overline{EB}^2 = \left(\frac{1}{2}S(\alpha)\right)^2 + \overline{EB}^2. \tag{4.13}$$

Für $[EB]$ erhalten wir:

$$\overline{EB} = \overline{MB} - \overline{ME} = r - \frac{1}{2}\overline{DC} = r - \frac{1}{2}S(180° - \alpha),$$

wobei ausgenützt wird, dass $\Delta MAE \sim \Delta DAC$ und E die Strecke $[AC]$ halbiert.

Eingesetzt in (4.13):

$$\begin{aligned} S^2\left(\frac{\alpha}{2}\right) &= \frac{1}{4}S^2(\alpha) + \left(r - \frac{1}{2}S(180° - \alpha)\right)^2 = \\ &= \frac{1}{4}S^2(\alpha) + r^2 - rS(180° - \alpha) + \frac{1}{4}S^2(180° - \alpha) = \\ &= r^2 - rS(180° - \alpha) + \frac{1}{4}\left(S^2(\alpha) + S^2(180° - \alpha)\right) = \\ &= r^2 - rS(180° - \alpha) + \frac{1}{4}\cdot 4r^2 = 2r^2 - rS(180° - \alpha), \end{aligned}$$

da ΔDAC rechtwinklig und somit der Satz des Pythagoras nochmals anwendbar ist. □

Damit ist Ptolemaios in der Lage, von $S(6°)$ ausgehend, die Werte für $S(3°)$, $S(1\frac{1}{2}°)$ und $S(\frac{3}{4}°)$ zu ermitteln. Jetzt fehlt ihm noch die Länge der Sehne, die zu dem Zentriwinkel 1° gehört. Diese erhält er durch sehr geschickte Interpolation aus $S(1\frac{1}{2}°)$ und $S(\frac{3}{4}°)$. Mit der obigen Halbierungsformel gewinnt er schließlich aus $S(1°)$ seinen Basiswert $S(\frac{1}{2}°)$, und er hat alle Hilfsmittel bereit, um seine Sehnentafel mit der Schrittweite $\frac{1}{2}°$ aufzustellen. Diese Tafel ermöglicht es nun, unbekannte Größen in ebenen Dreiecken zu bestimmen. Anwendungen dazu sind die Bestimmung von Schattenlängen oder die der Parameter für die exzentrische Umlaufbahn der Sonne.

Ptolemaios verwendet übrigens bei diesen Berechnungen konsequent das babylonische Sexagesimalsystem. Für den Radius r wählt er entsprechend die Einheit 60. Die Längen der Sehnen bestimmt er auf zwei Sexagesimalstellen nach dem Komma. Seine Bezeichnungen *erster kleiner Teil* bzw. *zweiter kleiner Teil* für diese beiden Stellen werden in späteren lateinischen Übersetzungen zu *partes minutae primae* bzw. *partes minutae secundae*. Damit haben wir Licht in das Dunkel des Ursprungs dieser von uns täglich verwendeten Begriffe gebracht.

Betrachten wir diese Sehnentafel einmal nicht unter dem Anwendungsaspekt, sondern unter einer theoretischen Sichtweise. Dann wird einem ganz plötzlich bewusst, dass hier so etwas wie Grundzüge des modernen *Funktionsbegriffs* zu erkennen sind. Die Tafel allein ist nicht die Ursache für diese Entdeckung, denn es gibt zahlreiche ältere Beispiele von Tabellen, die einen funktionalen Zusammenhang zwischen Größen aufzeigen. Tafeln für Quadratwurzeln und Kehrwerte besaßen bereits die Babylonier, aber sie waren nur an diskreten Wertepaaren interessiert. Anders verhält es sich mit Ptolemaios, er geht in der Entwicklung einen beachtlichen Schritt weiter. Seine Überlegungen liefern Ansätze für die rechnerische Behandlung stetiger Phänomene, da er nicht nur Tabellen aufstellt, sondern auch zeigt, wie durch Interpolation Funktionswerte für gegebene Werte der „unabhängigen Variablen" bestimmt werden. In diesem Sinne ist die Sehne $S(\alpha)$ als Funktion des zugehörigen Zentriwinkels α ausgedrückt. Solche funktionalen Zusammenhänge finden sich auch an anderen Stellen im *Almagest*. So gibt Ptolemaios explizit Rechenvorschriften an, mit deren Hilfe die Positionen eines Planeten für beliebig gegebene Zeiten ermittelt werden können.

Eine Diskussion des allgemeinen Funktionsbegriffs sucht man allerdings vergebens. Das braucht nicht zu verwundern, da der *Almagest* keine mathematische Schrift ist. Die dort behandelte Mathematik wird lediglich als Hilfswissenschaft (schon wieder dieses Reizwort!) für astronomische Berechnungen benötigt. Abschließend bleibt festzuhalten: Es lohnt sich, den *Almagest* unter rein mathematischen Gesichtspunkten zu studieren. Die in ihm verwendete praktische Mathematik enthält Ansätze zu modernen Ideen, die in der damaligen offiziellen Mathematik keinen Niederschlag fanden.

4.3 Pythagoras begegnet Fibonacci

Wir begeben uns jetzt in das beginnende 13. Jahrhundert, und zwar nach Pisa; damals ein bedeutendes Handels- und Machtzentrum in Obcritalien. Mit dieser Stadt assoziieren wir heute sofort den berühmten „schiefen Turm". Sein Baubeginn im Jahr 1174 markiert das Jahrzehnt, in dem ein gewisser LEONARDO von Pisa (ca. 1170–ca. 1240) geboren wurde, den meisten eher bekannt unter dem Namen FIBONACCI.

Der Name Fibonacci lässt sich als Zusammenziehung aus filius Bonacii relativ leicht erklären und wird in der Literatur entweder als *Sohn des Bonacci* oder als *aus der Familie Bonacci* gedeutet. Leonardo selbst hat diesen Namen nie verwendet, er ist eine Schöpfung aus späterer Zeit.

Im Unterschied zu den vielen unterschiedlichen Bilddarstellungen des Pythagoras (vgl. Abschnitt 1.4) findet man für Leonardo stets ein und dasselbe Bildnis.

Leonardo von Pisa

Allerdings hat es mit dem wirklichen Leonardo genauso viel Ähnlichkeit wie alle die verschiedenen Pythagoras-Porträts mit Pythagoras. Dem Leonardo-Bild können wir lediglich entnehmen, wie ein pisanischer Kaufmann und Gelehrter zu Beginn des 13. Jahrhunderts in der Vorstellung der Menschen im 19. Jahrhundert ausgesehen haben mag.

4.3.1 Zu Unrecht fast vergessen – liber abbaci

Nachdem wir um eine weitere Illusion ärmer geworden sind, halten wir uns nun besser an konkrete Fakten, und das sind die geschriebenen Werke Leonardos. In seiner *Practica Geometriae* (verfasst 1221) findet sich der in Abschnitt 2.3 erwähnte Ähnlichkeitsbeweis des pythagoreischen Lehrsatzes. Leonardo dürfte ihn arabischen Quellen entnommen haben, der Ursprung könnte bis zu den Babyloniern zurückgehen. Jedenfalls waren diese schon mit den verwendeten Hilfsmitteln vertraut. Wesentlich bekannter als das Geometriebuch ist das 1202 erstmals erschienene Werk *liber abbaci*. Dieses Buch lässt sich thematisch in vier Teile untergliedern.

- Es beginnt damit zu zeigen, wie man natürliche Zahlen im Dezimalsystem schreibt und liest. Dann werden Verfahren zur Multiplikation, Addition,

Subtraktion und Division zweier Zahlen im Dezimalsystem bereitgestellt und erläutert.

- Teil 2 befasst sich mit dem praktischen Rechnen für Kaufleute (Umrechnen der verschiedenen Geld- und Maßeinheiten, Zinsrechnungen, Geschäfte unter mehreren Partnern etc.). Der Dreisatz kommt intensiv zur Anwendung.
- Anschließend werden Probleme behandelt, die man unter dem Oberbegriff *Unterhaltungsmathematik* zusammenfassen kann (Zisternen-, Wägeprobleme u.ä.).
- Approximationen von Quadrat- und Kubikwurzeln sowie lineare und quadratische Gleichungen werden in Teil 4 thematisiert.

Leonardo, selbst aus dem Kaufmannsstand hervorgegangen, bringt mit dem *liber abbaci* ein konkretes Rechen- und Übungsbuch für seine Kaufmannskollegen auf den Markt. Er weiß, welche Art von Mathematik gebraucht wird. Ihm ist klar, dass die Zeit des mühseligen und umständlichen Rechnens mit dem römischen Zahlsystem zu Ende geht. Ein moderner Kaufmann braucht zur Bewältigung seiner vielfältigen Berechnungen (Gewinne, Verluste, Zölle, Währungsumrechnungen, Zinsen etc.) einen Kalkül, mit dem einfacher und schneller gerechnet werden kann - einen Kalkül also, der im Vergleich zum römischen eleganter zu handhaben ist. Daher propagiert Leonardo das Dezimalsystem.

Der praktischen Ausrichtung des Buches widersprechen auch nicht die Aufgaben aus der Unterhaltungsmathematik, da sie als Übungsbeispiele für bestimmte Rechenmethoden gute Dienste leisten. Wir kennen diese Art von Beispielen auch aus unserer heutigen Schulmathematik. Die Einbeziehung von Gleichungen zweiten und dritten Grades deutet an, dass mathematisch Interessierten die Gelegenheit gegeben werden soll, sich über das praktische Rechnen hinaus weiterzubilden. Im *liber abbaci* bleibt Leonardo im Unterschied zu seinen anderen Werken bei überlieferten Methoden. Mathematikhistorisch interessant ist, dass er

- nach arabischem Vorbild für die Unbekannten Bezeichnungen (wie z.B. *res, minor, maior* usw.) einführt und damit rechnet,
- Buchstaben als Zeichen für beliebige Zahlen verwendet,
- in Brüchen Zähler und Nenner durch einen waagerechten Strich trennt,
- negative Lösungen von Gleichungen in Form von Schulden zulässt.

Die erste Berührung mit der Mathematik der Araber und dem Dezimalsystem überhaupt hat Leonardo seinem Vater zu verdanken. Dieser wurde um 1192 als *publicus scriba* mit der Leitung der Handelsniederlassung der Republik Pisa in Bugia an der nordafrikanischen Küste betraut. Die Hafenstadt Bugia nannten die Franzosen später Bougie und in Algerien heißt sie heute Bejaïa (ca. 180 km östlich von Algier). Was ein *publicus scriba* wirklich war, kann nicht mehr festgestellt werden, vielleicht hatte er die Aufgaben eines Notars oder Konsuls wahrzunehmen. Der Vater beweist Weitblick, er lässt den jungen Leonardo nach Bugia kommen, damit er dort das Rechnen mit den indischen Ziffern lerne. Die Bemühungen der muslimischen Lehrer fallen auf fruchtbaren Boden, Leonardo erweist sich als gelehriger Schüler. Auf Reisen nach Ägypten, Syrien, Byzanz, Sizilien und in die Provence erweitert er seine mathematischen Kenntnisse und um 1200 kehrt er nach Pisa zurück. Kurz darauf erscheint sein *liber abbaci*. Hierin finden sich auch seine wenigen autobiographischen Notizen. Weitere Publikationen erfolgten während der nächsten 25 Jahre. Ansonsten wird Leonardo noch in einem Dokument der Stadt Pisa erwähnt, die ihm ein jährliches Gehalt zusichert.

Kaiser Friedrich II.

In seinen späteren Werken zeigt Leonardo sich dann mehr als Mathematiker denn als Lehrmeister für Kaufleute. Er befasst sich u.a. mit der Lösung von Aufgaben, die ihm von Gelehrten am Hofe des Kaisers Friedrich II. (1194–1250) gestellt wurden.

Bereits im Alter von zwei Jahren wurde Friedrich König von Rom, zwei Jahre später König von Sizilien, im Jahr 1220 krönte ihn der Papst zum Kaiser, 1229 er sich selbst zum König von Jerusalem. Mehrfach traf Friedrich der Bann des Papstes, der ihn 1245 sogar absetzte. Alle diese Kirchenstrafen konnten Friedrich nichts anhaben, er wurde nie bezwungen. Das Heilige Römische Reich regierte er hauptsächlich von Süditalien aus, wo er einen straff organisierten Beamtenstaat schuf. Philosophie, Lyrik und Naturwissenschaften zählten zu seinen persönlichen Interessengebieten. Sein Buch *Die Kunst mit Vögeln zu jagen* gilt als ein frühes Meisterwerk der beobachtenden Naturwissenschaft. In der kaiserlichen Leidenschaft, der Falknerei, liegt wahrscheinlich auch die besondere Form des Jagdschlosses Castel del Monte in Apulien begründet.

1225 schreibt Leonardo einleitend im *liber quadratorum*, das er dem Kaiser persönlich widmet:

> „Als mich Meister Dominicus in Pisa zu Eurer erhabenen Hoheit, ruhmreichster Herr F. brachte, traf ich Meister Johann von Palermo. Dieser legte mir eine Frage vor, auf die er gestoßen war und die sich gleichermaßen auf die Geometrie wie die Arithmetik bezieht: finde eine Quadratzahl, so daß sich bei Addition oder Subtraktion von 5 jeweils wieder eine Quadratzahl ergibt. Durch einiges Nachdenken sah ich, daß die Lösung dieser Frage, die ich bereits gefunden habe, wie auch weitere Fragen ihren Ursprung in den Quadratzahlen und den Zahlen, die dazwischen liegen, hat. Als ich vor kurzem die Nachricht aus Pisa und auch vom kaiserlichen Hof erhielt, daß Euere erhabene Hoheit geruhten, das Buch zu lesen, welches ich über die Zahlen geschrieben habe und daß es Euch weiterhin gefiel, einige Feinheiten über Geometrie und über Zahlen zu hören, da erinnerte ich mich an die Frage, die mir an Euerem Hofe von Euerem Hofphilosophen vorgelegt worden war. Ich beschäftigte mich selbst mit diesem Gebiet und begann zu Euerer Ehre dieses Werk zu verfassen, welches ich *Buch der Quadrate* nennen möchte. Ich muß um Nachsicht bitten, falls es etwa mehr oder weniger enthalten sollte, als dies richtig oder notwendig wäre; denn an alles zu denken und keine Fehler zu begehen ist eher göttliche als menschliche Eigenschaft und niemand ist frei von Fehlern und niemand sieht alles im voraus."

Man beachte, dem Zitat ist zu entnehmen, dass Friedrich den *liber abbaci* tatsächlich gelesen hat. Welch ein Kaiser, der sich ein Mathematikbuch zu Gemüte führt! Nach der Widmung erklärt Leonardo, dass er über den Ursprung der Quadratzahlen nachgedacht habe und dabei auf folgende Formel gestoßen sei:

$$1 + 3 + 5 + 7 + 9 + \ldots + (2n - 1) = n^2$$

Hier grüßen natürlich wieder die Pythagoreer und ihre figurierten Zahlen, die sie mit Steinchen legten.

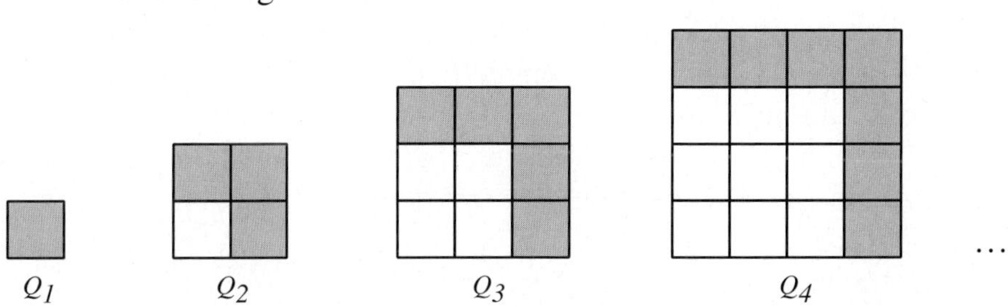

Das Bildungsgesetz lässt sich leicht erkennen: Eine Quadratzahl erhält man aus ihrem Vorgänger, indem man um sie einen Winkelhaken, ein *Gnomon,* legt. Die Winkelhaken stellen immer ungerade Zahlen dar, und ganz anschaulich wird somit klar, dass die Summe aufeinander folgender ungerader Zahlen immer eine Quadratzahl ergibt.

Leonardo behandelt in seinem *Buch der Quadrate* zahlreiche Eigenschaften der Quadratzahlen, wobei er seine Ergebnisse – wie es die Mathematiker heute noch tun – in Hilfssätze und Sätze verpackt, um diese dann weiter zu verwenden. Er löst nicht nur die ihm gestellten Probleme, vielmehr nimmt er diese Probleme zum Anlass, um das mathematische Teilgebiet, dem sie angehören, weiterzuentwickeln. Damit wird deutlich, nicht lediglich der Problemlösung, sondern der zugehörigen Mathematik gilt sein Hauptinteresse. Leonardo ist mehr als ein mathematisch begabter und interessierter Kaufmann, Leonardo erweist sich als wahrer Mathematiker. Aufgrund seiner Originalität und der verwendeten Methoden kann man ihn als bedeutendsten Zahlentheoretiker zwischen DIOPHANT (um 250 n.Chr.) und Pierre FERMAT (1601–1655) ansehen.

Außerdem verdient Leonardo Anerkennung, da er mit seinem *liber abbaci* wesentlich zur Verbreitung des Dezimalsystems im Abendland beigetragen hat. Die Großkaufleute erkannten sehr schnell die Vorteile der indischen Ziffern und des Rechnens im Dezimalsystem für ihre Buchhaltung. Trotz vieler Widerstände – unter anderem aus kirchlichen Kreisen – setzte sich die neue Methode allmählich durch.

Kaufleute aus den deutschen Handelszentren wie Augsburg und Nürnberg schickten im 14. und 15. Jahrhundert ihre Söhne unter anderem zur Ausbildung an die berühmten Handelshäuser bzw. an die Universitäten in Norditalien (Venedig bzw. Bologna und Padua). Dort lernten sie das Rechnen nach „welscher Art“ kennen. Schließlich gelangten dann im 15. Jahrhundert die indischen Ziffern über die Alpen nach Norden, zusammen mit den Fachwörtern Konto, Giro, Saldo, Lombard und Bankrott. 1483 erschien in Nürnberg das erste deutsche Rechenbüchlein von Ulrich WAGNER (?–1489/90). Am bekanntesten wurden allerdings die Rechenbücher von Adam RIES (1492–1559). In allen diesen Volksbüchern wird das *Rechnen auf Linien und mit Ziffern* gelehrt, d.h. das Rechnen mit dem Abakus bzw. Rechenbrett und mit den indisch-arabischen Ziffern. Daran sieht man, das Dezimalsystem hatte sich noch nicht vollständig durchgesetzt.

Ein heftiger Methodenstreit entbrannte zwischen den sog. *Abakisten* (den Verteidigern des Rechenbretts) und den sog. *Algorithmikern* (den Anhängern der neuen Rechenmethode). In dem 1504 erschienenen Rechenbuch *Margarita Philosophica* des Gregor REISCH (ca. 1470–1525) wird dieser Streit in einem Holzschnitt dargestellt.

Boethius mit einer Zahlentafel und Pythagoras mit einem Rechenbrett

Wir lernen hier Pythagoras in einer neuen Rolle kennen. Er gilt als Erfinder und Befürworter des Rechenbretts. Rechts im Bild sitzt er daher vor einem Brett mit Linien und Rechensteinen. Links daneben sitzt Anicius BOETHIUS (475/480–524/525) vor einem Brett mit indisch-arabischen Ziffern, die angeblich seine Erfindung waren. Die Szene sieht nach einem Wettkampf aus. In der Mitte steht Frau Arithmetica als Schiedsrichterin. Dem griesgrämigen Gesichtsausdruck des Pythagoras und dem entspannten Lächeln des Boethius kann man den Ausgang des Wettbewerbs leicht entnehmen.

4.3.2 Die Kaninchenaufgabe

Kommen wir zum *liber abbaci* zurück. Vor dem Versinken in die Vergessenheit haben Leonardo weder sein Verdienst um die Verbreitung des Dezimalsystems in Mitteleuropa noch seine Rechenunterweisung für Kaufleute bewahrt, sondern eine zunächst eher absonderlich anmutende Kaninchenaufgabe aus der Abteilung Unterhaltungsmathematik des *liber abbaci*. In Kapitel 12 lesen wir nach einer Aufgabe über vollkommene Zahlen die Überschrift *Quot paria coniculorum in uno anno ex uno pario germinentur*. Um das Verständnis nicht unnötig zu erschweren, übersetzen wir den weiteren Text der Aufgabe:

> „Jemand sperrt ein Paar Kaninchen in ein überall mit einer Mauer umgebenes Gehege, um zu erfahren, wie viele Nachkommen dieses Paar innerhalb eines Jahres haben werde, vorausgesetzt, daß es in der Natur der Kaninchen liege, daß sie in jedem Monat ein anderes Paar zur Welt bringen und daß sie im zweiten Monat nach ihrer Geburt selbst gebären…"

Im Folgenden beschreibt Leonardo ausführlich, wie sich die Anzahl der Kaninchenpaare Monat für Monat berechnen lässt und endet mit dem zwölften Monat. Abschließend bemerkt er: „Und so könntest du bis zu einer unendlichen Anzahl von Monaten verfahren." An der gesamten Formulierung erkennt man deutlich, dass sich Leonardo der rekursiven Erzeugungsweise der Zahl der Kaninchenpaare bewusst war. Bei ihm fehlt lediglich die formelmäßige Darstellung. Diese taucht erst über 400 Jahre später bei Albert GIRARD (1595–1632) auf.

Machen wir es noch einmal deutlich, die Kaninchenpaare halten sich alle an folgende Regeln:

1. Jedes Kaninchenpaar wird im Alter von zwei Monaten fortpflanzungsfähig.
2. Jedes Paar bringt von da an jeden Monat ein neues Paar zur Welt.
3. Alle Paare leben ewig.

Das Kaninchenproblem führt auf die sog. *Fibonacci-Zahlenfolge*. Mit Hilfe obiger Fortpflanzungsregeln können wir die zugehörige Rekursionsvorschrift aufstellen:

Die Anzahl der im Monat $k + 1$ lebenden Kaninchenpaare wird mit f_{k+1} bezeichnet. Im Monat $k + 1$ leben alle Paare des Vormonats (Regel 3), also f_k Paare; hinzu kommen die im Monat $k + 1$ neu geborenen Paare, nämlich f_{k-1} (wegen Regeln 1 und 2). Es gilt also:

$$f_{k+1} = f_k + f_{k-1}, \text{ für } k \geq 2.$$

Da mit der Erschaffung der Welt ein Kaninchenpaar seinen Platz neben Adam und Eva einnahm, gelten die Startwerte $f_1 = f_2 = 1$.

Dies ist die heute übliche, „offizielle" Notation der Fibonacci-Folge. Im Unterschied dazu gesteht Leonardo im *liber abbaci* dem ersten Paar eine Sonderrolle zu, es darf sogleich mit dem Fortpflanzungsprozess beginnen, denn er wählte die Startwerte $f_1 = 1$ und $f_2 = 2$. Die Bezeichnung Fibonacci-Folge stammt übrigens von dem französischen Zahlentheoretiker Edouard LUCAS (1842–1891), der sich u.a. intensiv mit rekursiven Folgen beschäftigte.

Damit wir einen besseren Eindruck von den Fibonacci-Zahlen bekommen, listen wir die ersten Elemente der Folge auf: Wenn Sie die Tabelle fortsetzen wollen, bemühen Sie keinen Rechner, sondern trainieren Sie Ihre grauen Zellen.

k	f_k
1	1
2	1
3	2
4	3
5	5
6	8
7	13
8	21
9	34
10	55
11	89
12	144

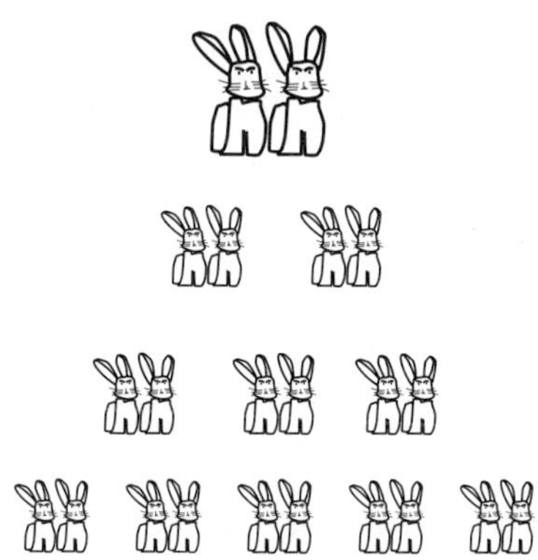

k	f_k
13	233
14	377
15	610
.	.
.	.
.	.
.	.
.	.
20	6 765
30	832 040
40	102 334 155
50	12 586 269 025

Die Kaninchenaufgabe des Leonardo klingt zwar sehr unrealistisch und gekünstelt, aber Fibonacci-Zahlen kommen in verschiedenen Gebieten der Mathematik, wie der Zahlentheorie, der Geometrie und der Numerik, vor. Noch heute, beinahe 800 Jahre nach der Formulierung des Kaninchenproblems, sind sie Gegenstand mathematischer Forschung. Die Ergebnisse sind so zahlreich, dass es eine eigene, regelmäßig erscheinende Zeitschrift (*The Fibonacci Quarterly*) gibt, in der sie veröffentlicht werden.

4.3.3 Fibonacci-Zahlen in der Natur

Besonders erstaunlich ist die Tatsache, dass Fibonacci-Zahlen auch in der Natur auftreten. Wenn wir z.B. den Fruchtstand einer Sonnenblume anschauen, können wir feststellen, dass die Kerne spiralförmig angeordnet sind.

Wir sehen linksdrehende und rechtsdrehende (logarithmische) Spiralen. Jeder Sonnenblumenkern gehört zu genau einer links- und genau zu einer rechtsdrehenden Spirale. Zählt man in einer Blüte die linksdrehenden Spiralen, so erhält man als Ergebnis eine Fibonacci-Zahl; für die Anzahl der rechtsdrehenden Spiralen ergibt sich die nächstgrößere Fibonacci-Zahl (z.B. 55 und 89 bzw. 89 und 144).

Das Betrachten der Kerne im Fruchtstand der Sonnenblume zeigt, dass sich hinter einer auf den ersten Blick zufällig erscheinenden Anordnung mathematische Gesetzmäßigkeiten verbergen können. Auch die Anordnung der Schuppen von Tannen- oder Kiefernzapfen befolgt ebenso wie die Ananasfrucht dieses Gesetz.

Diese verblüffenden Regelmäßigkeiten gaben Anlass für zahlreiche Untersuchungen. Besonders interessant sind die Ergebnisse zweier französischer Physiker, die sie 1992 in den *Physical Review Letters* (vol. 68, no. 13) publizierten. Sie beschreiben ein experimentelles System, das absolut nichts mit Botanik zu tun hat, aber die oben beschriebene Musterbildung bewirkt. Ihr Fazit: Die spiralförmige Anordnung benötigt keine spezielle botanische Erklärung. Die neuen Elemente in einem Muster erscheinen einfach dort, wo es mit einem Minimum an Energie möglich ist.

Fibonacci-Zahlen tauchen auch bei der Anordnung der Blätter an Baumzweigen auf. Botaniker sprechen hier von *Phyllotaxis* (= Blattanordnung). Wir wählen ein Blatt an einem Zweig als Startpunkt und drehen uns schraubenförmig um den Zweig, bis wir zu einem Blatt gelangen, dessen Position sich genau über dem Startblatt befindet. Wir zählen die Anzahl der vollführten Umdrehungen und die Anzahl der dabei passierten Blätter.

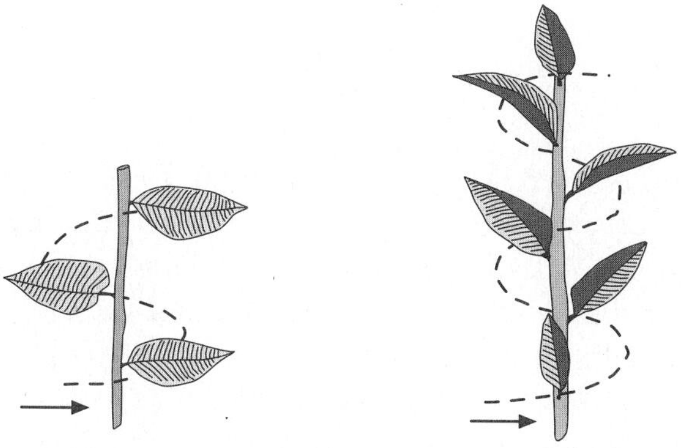

Bei der Ulme haben wir eine Umdrehung und zwei Blätter, beim Apfel zwei Umdrehungen und fünf Blätter. Das ergibt Phyllotaxiswerte von $\frac{1}{2}$ bzw. $\frac{2}{5}$.

Weitere Werte zeigt folgende Tabelle:

Buche, Haselnuss	$\frac{1}{3}$
Aprikose, Apfel, Eiche	$\frac{2}{5}$
Pappel, Birne	$\frac{3}{8}$
Weide, Mandelbaum	$\frac{5}{13}$

Beim Betrachten dieser Brüche erkennt man unschwer, dass sie von Fibonacci-Zahlen gebildet werden. Im Nenner steht jeweils die übernächste Zahl im Vergleich zum Zähler. Allgemein haben wir also Brüche der Form

$$\frac{f_k}{f_{k+2}}.$$

Als Mathematiker(in) fragt man sich, was geschieht mit diesem Quotienten, wenn wir die Werte von k immer weiter erhöhen? Wir untersuchen folglich den Grenzwert

$$\lim_{k\to\infty}\frac{f_k}{f_{k+2}} = \lim_{k\to\infty}\frac{f_k}{f_{k+1}+f_k} = \lim_{k\to\infty}\frac{1}{\frac{f_{k+1}}{f_k}+1} =$$

$$= \frac{1}{\tau+1} = \frac{2}{3+\sqrt{5}} \approx 0{,}381966.$$

Dabei haben wir den bekannten Zusammenhang zwischen Fibonacci-Zahlen und dem Goldenen Schnitt ausgenutzt. Es gilt nämlich:

$$\lim_{k \to \infty} \frac{f_{k+1}}{f_k} = \tau = \frac{1}{2}(1 + \sqrt{5}).$$

Hat nun dieser spezielle Grenzwert eine Bedeutung in der Welt der Pflanzen? Einige Botaniker im ersten Viertel dieses Jahrhunderts glauben durch Untersuchungen ganz junger Blattanlagen an Pflanzen festgestellt zu haben, dass die Blattstellungen unabhängig von der Art der Pflanze mit einem Phyllotaxiswert von etwa 0,38 beginnen. Geht man zu älteren Blättern über, so nähert sich der Wert immer mehr dem charakteristischen Phyllotaxiswert der jeweiligen Pflanze. – Wir hören förmlich Galilei: „Das Buch der Natur ist in mathematischer Sprache geschrieben." Wohl kaum wird er bei dieser Feststellung die Fibonacci-Zahlen im Sinn gehabt haben.

4.3.4 Was haben die Fibonacci-Zahlen mit Pythagoras zu tun?

Wir betrachten vier beliebige, aber aufeinander folgende Fibonacci-Zahlen, z.B. f_4, f_5, f_6, f_7, d.h. die Zahlen 3, 5, 8, 13. Jetzt bilden wir das Produkt der beiden äußeren und das doppelte Produkt der beiden inneren Zahlen, d.h. $3 \cdot 13 = 39$ bzw. $2 \cdot 5 \cdot 8 = 80$. Quadrieren und Summieren liefert:

$$39^2 + 80^2 = 1521 + 6400 = 7921 = 89^2.$$

Wir erkennen nun:

(1) Das Produkt der beiden äußeren Zahlen und das doppelte Produkt der beiden inneren Zahlen sind die Längen der Katheten eines rechtwinkligen Dreiecks. (Pythagoras lässt grüßen.) Die Hypotenusenlänge 89 ist eine Fibonacci-Zahl.

(2) Die Hypotenusenlänge ist die Summe der Quadrate der beiden inneren Fibonacci-Zahlen, da

$$89 = 25 + 64 = 5^2 + 8^2.$$

(3) Der Index der Fibonacci-Zahl der Hypotenusenlänge ist gleich der Summe der Indizes der beiden inneren oder der beiden äußeren Fibonacci-Zahlen.

$$\begin{aligned} &(89 = f_{11},\ f_5 = 5,\ f_6 = 8; \quad && 11 = 5 + 6 \\ &\text{bzw.}\ \ f_4 = 3,\ f_7 = 13; && 11 = 4 + 7). \end{aligned}$$

(4) Die Fläche des rechtwinkligen Dreiecks ist gleich dem Produkt der betrachteten vier aufeinander folgenden Fibonacci-Zahlen.

Die Kathetenlängen sind 39 bzw. 80. Damit gilt:

$$\mathcal{A}_\Delta = \frac{1}{2} \cdot 39 \cdot 80 = 1560 = 3 \cdot 5 \cdot 8 \cdot 13.$$

Nun bleibt zu klären:

Gelten die aus dem speziellen Beispiel ermittelten Ergebnisse (1) bis (4) auch allgemein? D.h. gibt es eine Verbindung zwischen Fibonacci-Zahlen und pythagoreischen Zahlentripeln?

Zur Beantwortung dieser Fragen betrachten wir vier beliebige aufeinander folgende Fibonacci-Zahlen

$$a, b, a + b, a + 2b.$$

Nach obigen Regeln *Produkt der beiden äußeren Zahlen* bzw. *doppeltes Produkt der beiden inneren Zahlen* erhalten wir:

$$a(a + 2b) = a^2 + 2ab, \tag{4.14}$$
$$2b(a + b) = 2ab + 2b^2. \tag{4.15}$$

Quadrieren und Summieren:

$$\begin{aligned}(a^2 + 2ab)^2 + (2ab + 2b^2)^2 &= a^4 + 4a^3b + 4a^2b^2 + 4a^2b^2 + 8ab^3 + 4b^2 \\ &= (a^2 + 2ab + 2b^2)^2.\end{aligned}$$

Die beiden Produkte sind somit die Längen der Katheten eines rechtwinkligen Dreiecks mit der Hypotenusenlänge $a^2 + 2ab + 2b^2$.

Im nächsten Schritt muss gezeigt werden, dass $a^2 + 2ab + 2b^2$ eine Fibonacci-Zahl ist. Durch Umformen erhalten wir:

$$a^2 + 2ab + 2b^2 = (a + b)^2 + b^2 = b^2 + (a + b)^2,$$

d.h. die Länge der Hypotenuse ist die Summe der Quadrate der beiden mittleren Start-Fibonacci-Zahlen. Aber damit sind wir noch nicht wesentlich weiter, da wir nicht wissen, ob die Summe der Quadrate zweier aufeinander folgender Fibonacci-Zahlen eine Fibonacci-Zahl ist.

Wir betrachten nun die Folge aufeinander folgender Fibonacci-Zahlen, beginnend mit $f_k = a,\ f_{k+1} = b,\ f_{k+2} = a + b,\ f_{k+3} = a + 2b.$

k	1	2	…	k	$k+1$	$k+2$	$k+3$	$k+4$	$k+5$	$k+6$	…
f_k				a	b	$a+b$	$a+2b$	$2a+3b$	$3a+5b$	$5a+8b$	

Diese Zahlen lassen sich folgendermaßen in Summanden zerlegen:

$$\begin{aligned}
&\vdots\\
f_{k+2} &= a + b = 1 \cdot (a+b)\\
f_{k+3} &= b + a + b = 1 \cdot b + 1 \cdot (a+b)\\
f_{k+4} &= b + 2a + 2b = 1 \cdot b + 2 \cdot (a+b)\\
f_{k+5} &= 2b + 3a + 3b = 2 \cdot b + 3 \cdot (a+b)\\
f_{k+6} &= 3b + 5a + 5b = 3 \cdot b + 5 \cdot (a+b)\\
&\vdots
\end{aligned}$$

Das Bildungsgesetz der Fibonacci-Zahlen ist bereits nach diesen wenigen Beispielen erkennbar. Die Koeffizientenfolgen, die zu den beiden festen Summanden b bzw. $a + b$ gehören, bilden wieder Fibonacci-Zahlenfolgen. In jeder Zeile des Schemas stehen als Koeffizienten zwei aufeinander folgende Fibonacci-Zahlen. Natürlich fehlt hier noch der exakte Nachweis mit Hilfe der vollständigen Induktion. Setzen wir obiges Schema fort, so erhalten wir „irgendwann" die Koeffizienten b und $a + b$. Die entsprechende Fibonacci-Zahl lässt sich also zerlegen in:

$$b \cdot b + (a + b) \cdot (a + b) = b^2 + (a + b)^2.$$

Wegen $b^2 + (a + b)^2 = a^2 + 2ab + b^2$ haben wir somit gezeigt, dass die Hypotenusenlänge $a^2 + 2ab + 2b^2$ eine Fibonacci-Zahl ist.

Unsere Überlegungen haben uns auch zu einer der vielen interessanten Eigenschaften der Fibonacci-Zahlen geführt. Wir haben nämlich die Aussage bewiesen:

Die Summe der Quadrate zweier aufeinander folgender Fibonacci-Zahlen ist wiederum eine Fibonacci-Zahl.

4.3.5 Abenteuer im Fibonacci-Land

Wir bleiben bei Fibonacci bzw. bei der nach ihm benannten Zahlenfolge. Das folgende – auf den ersten Blick – etwas erstaunliche Problem gehörte angeblich zu den Lieblingsaufgaben des englischen Mathematikers Charles Lutwidge DODGSON (1832–1898). Bekannt wurde er allerdings nicht aufgrund mathematischer Werke, sondern wegen seiner beiden grotesk-phantasiereichen Romane *Alices Abenteuer im Wunderland* und *Alice hinter den Spiegeln,* die er unter dem Künstlernamen Lewis CARROLL veröffentlichte.

Die Bücher und damit das literarische Leben des Lewis Carroll haben einen hohen Bekanntheitsgrad, ganz im Gegensatz zum Privatleben des Charles Lutwidge Dodgson, das sehr zurückgezogen und ohne große Ereignisse verlief. Er studierte in Oxford am Christ Church College und legte 1854 sein Mathematikexamen mit Auszeichnung ab. Im Jahr darauf erhielt er hier eine Stelle als Dozent für Mathematik, die er bis 1881 innehatte. Sein erstes literarisches Werk *Alice's Adventures in Wonderland* erschien 1865. Den Namen seiner „Heldin" wählte er nach einer der Töchter des Dekans von Christ Church. Weitere Bücher folgten in den nächsten Jahren. Lewis Carroll erlangte große Popularität, Kinder jeden Alters lasen begeistert seine phantasiereichen Romane. Einen weitaus geringeren Bekanntheitsgrad erreichten seine mathematischen Arbeiten, am bekanntesten dürfte *Euclid and His Modern Rivals* von 1879 sein. Obwohl die Identität des Autors der „Alice" allgemein bekannt war, versuchte er sich vor zu großer Publizität zu schützen, indem er behauptete: „Mr. Dodgson neither claimed nor acknowledged any connection with the books not published under his name."

Wir betrachten ein Quadrat der Seitenlänge 13 und unterteilen es so wie in der Abbildung I.

Nun schneiden wir das Quadrat aus, zerlegen es in die vorgezeichneten Teilflächen und setzen diese zu einem Rechteck mit den Seitenlängen 8 und 21 zusammen (vgl. Abbildung II).

(I)

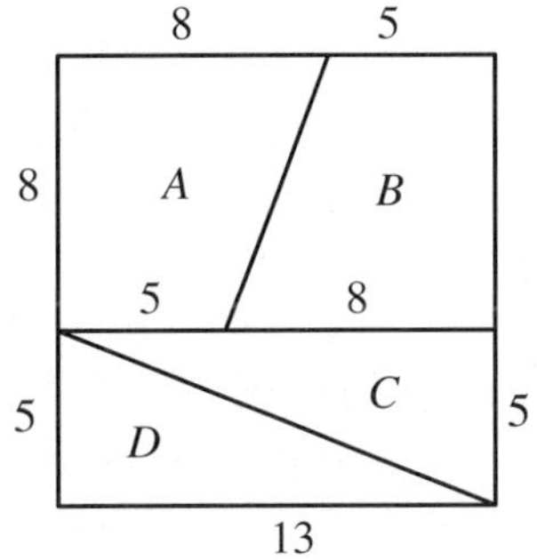

(II)

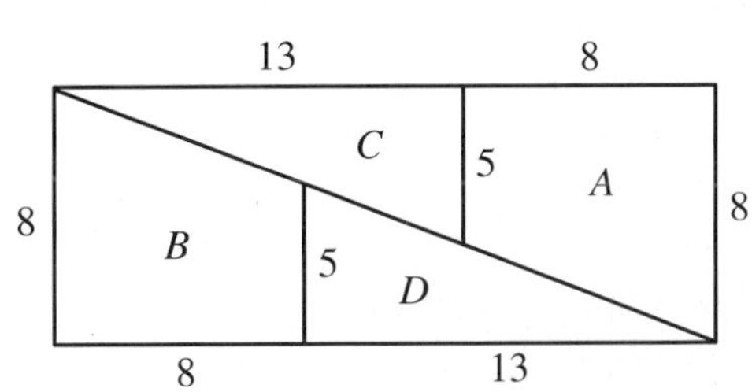

Beim Berechnen der Flächeninhalte des Quadrats bzw. des Rechtecks stellen wir verblüfft fest:

$$\mathcal{A}_{\text{Quadrat}} = 13^2 = 169,$$
$$\mathcal{A}_{\text{Rechteck}} = 8 \cdot 21 = 168.$$

Beide Figuren sind aus den gleichen Flächenstücken zusammengesetzt und dennoch unterscheiden sich die Flächeninhalte. Was ist passiert?

Wie lässt sich der Trugschluss aufklären? Des Rätsels Lösung liegt in dem Rechteck, das nur der äußeren Begrenzung nach eines ist.

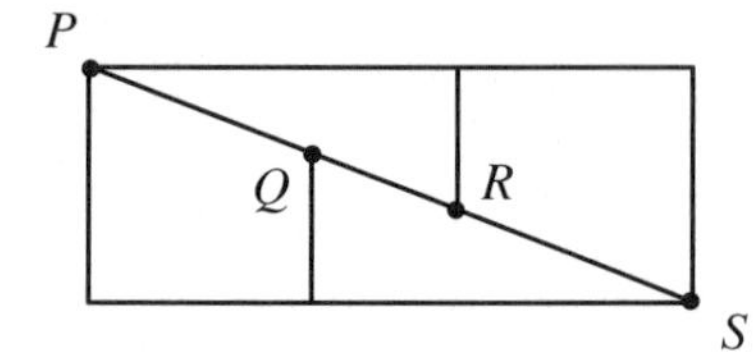

Einer genauen Zeichnung entnimmt man die Vermutung, dass die Punkte *P, Q, R, S* nicht auf der Diagonalen des Rechtecks liegen, sondern die Eckpunkte eines Parallelogramms bilden, dessen Inhalt gleich der überzähligen Einheit ist.

In der Skizze ist die Situation etwas übertrieben dargestellt. Im schraffierten Parallelogramm überlappen sich die Flächenstücke.

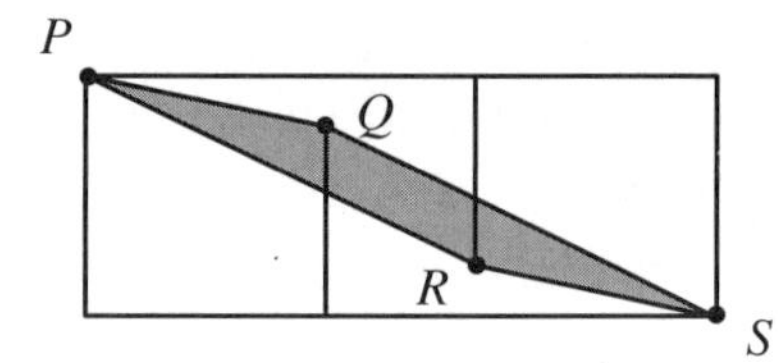

Die Berechnung der Steigungen von *PQ* bzw. *QS* ergibt unterschiedliche Werte und bestätigt somit die Vermutung. Das Parallelogramm ist aufgrund der geringen Höhe kaum wahrnehmbar.

$$\mathcal{A}_{\text{Parallelogramm}} = h \cdot \overline{QS} \Rightarrow h = \frac{\mathcal{A}}{\overline{QS}} = \frac{1}{\sqrt{13^2 + 5^2}} \approx 0{,}07.$$

Wo bleibt nun Fibonacci? Diese Frage lässt sich einfach beantworten. Die Seitenlänge 13 des Ausgangsquadrats ist eine Fibonacci-Zahl, ebenso die zur Unterteilung verwendeten Zahlen 5 bzw. 8. Aufgrund der Rekursivität der Fibonacci-Folge ist auch die zweite Seitenlänge 21 des Rechtecks eine solche Zahl. Bei unserem erstaunlichen Puzzle spielten also die vier aufeinander folgenden Fibonacci-Zahlen 5, 8, 13, 21 eine entscheidende Rolle. War dies Zufall? Funktioniert dies nur, wenn wir von einem Quadrat der Seitenlänge 13 ausgehen?

Nein! Das Puzzle ist verallgemeinerungsfähig. Der Trugschluss kann mit jedem Quadrat vorgenommen werden, dessen Seitenlänge eine Fibonacci-Zahl f_k ist. Die Quadratseite wird wiederum nach obigem Muster im Verhältnis der beiden Vorgängerzahlen f_{k-1} und f_{k-2} geteilt. Anschließend setzt man die Teilflächen auf bewährte Weise zu dem (Pseudo-) Rechteck zusammen.

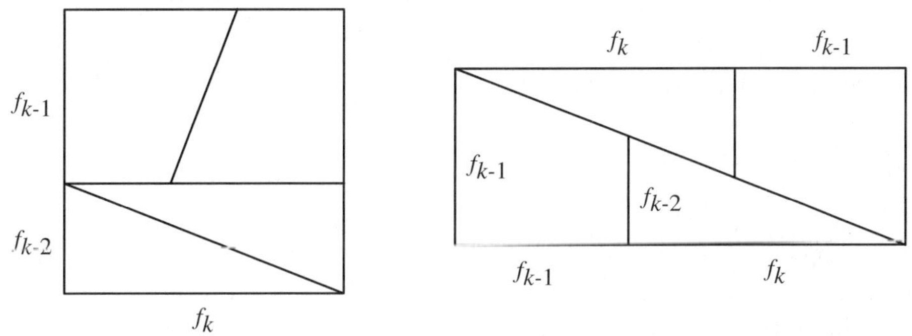

$$\mathcal{A}_{\text{Quadrat}} = f_k^2,$$
$$\mathcal{A}_{\text{Rechteck}} = (f_{k-1} + f_k) \cdot f_{k-1} = f_{k+1} \cdot f_{k-1}.$$

Mit Hilfe der vollständigen Induktion lässt sich die sog. *Simpson-Identität* zeigen:

$$f_{k+1} \cdot f_{k-1} - f_k^2 = (-1)^k, \; k \geq 2.$$

Aus dieser Gleichung sieht man, dass sich die beiden Flächeninhalte stets nur um eine Einheit unterscheiden. Je nach Wahl der Seitenlänge des Quadrats (Fibonacci-Zahl mit ungeradem bzw. geradem Index) überlappen sich die Flächen bzw. lassen eine winzige Lücke, jeweils in Form eines Parallelogramms. Je größer die Fibonacci-Zahl ist, desto schwieriger ist der Trugschluss mit bloßem Auge zu erkennen. Die über- bzw. unterzählige Fläche hat immer den Inhalt 1, mit wachsender Seitenlänge verkleinert sich die Höhe.

Unser Abenteuer im Fibonacci-Land ist damit noch nicht beendet. Mathematiker geben nicht so leicht auf. Denn es bleibt immer noch eine Frage offen. Kann es überhaupt ein Quadrat geben, das sich in der angegebenen Art zerlegen lässt und dessen Teilflächen zu einem echten flächengleichen Rechteck zusammengefügt werden können?

Die kritische Größe ist das Verhältnis, in dem die Quadratseite geteilt wird. Wir wählen einen allgemeinen Ansatz.

Die Quadratseite a wird in die Teilstrecken a_1 und a_2 zerlegt, wobei gilt:

$$\frac{a_1}{a_2} = \sigma.$$

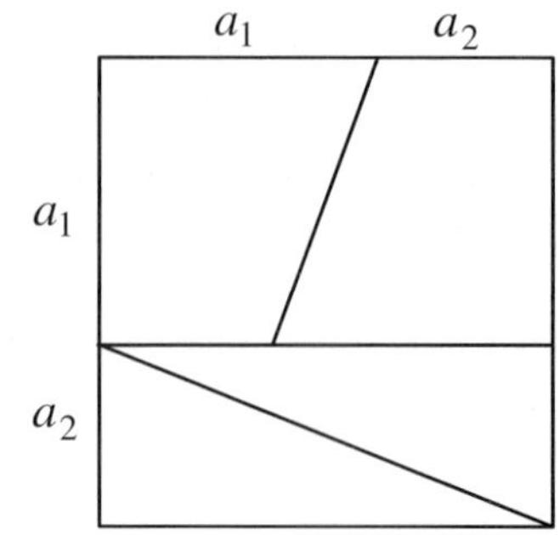

Für die Fläche des Quadrats gilt:

$$\mathcal{A}_{\text{Quadrat}} = (a_1 + a_2)^2 = (\sigma a_2 + a_2)^2 = a_2^2(1 + \sigma)^2.$$

Die Teilflächen werden zu einem flächengleichen Rechteck zusammengesetzt.

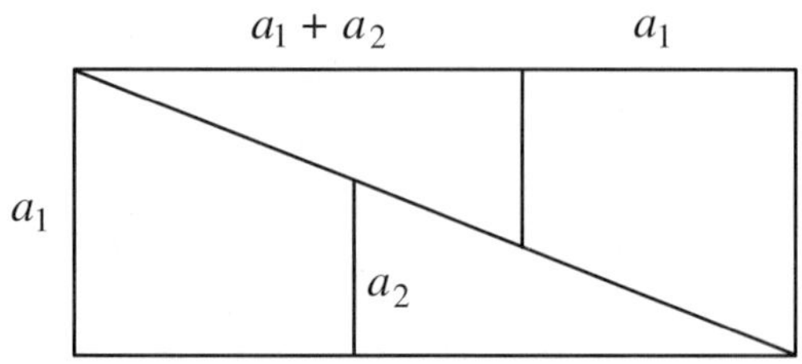

Die Fläche des Rechtecks berechnet sich zu:

$$\mathcal{A}_{\text{Rechteck}} = (a_1 + a_2 + a_1) \cdot a_1 = (2a_1 + a_2)a_1 = (2\sigma a_2 + a_2)\sigma a_2 =$$

$$= a_2^2(2\sigma + 1)\sigma.$$

Aus der Forderung $\mathcal{A}_{\text{Quadrat}} = \mathcal{A}_{\text{Rechteck}}$ lässt sich das Teilverhältnis σ bestimmen:

$$a_2^2(1 + \sigma)^2 = a_2^2(2\sigma + 1)\sigma,$$

bzw.

$$\sigma^2 - \sigma - 1 = 0.$$

$$\Rightarrow \ \sigma = \tfrac{1}{2}(1 \pm \sqrt{5}).$$

Bei diesem Ergebnis leuchten die Augen eines Elementargeometers. Da hier nur die positive Lösung sinnvoll ist, erhalten wir als Teilverhältnis einen berühmten Zahlenwert. Das Puzzle funktioniert also nur dann, wenn die Seite des Startquadrats im *Goldenen Schnitt* geteilt wird.

5

Verallgemeinerungen

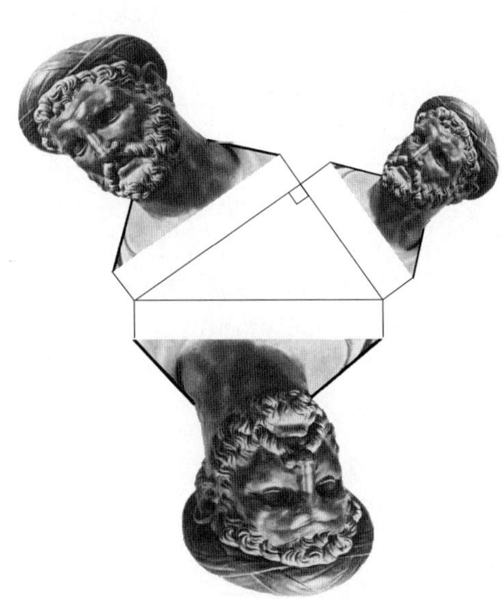

Das Bemühen um Verallgemeinerung ist ein charakteristisches Merkmal mathematischen Denkens und wie viele berühmte und weniger bekannte Ergebnisse der Mathematik hat auch der Lehrsatz des Pythagoras zahlreiche Erweiterungen erfahren. Die in diesem Kapitel diskutierten Beispiele sollen neben den inhaltlichen Aussagen auch Grundsätzliches deutlich machen: Die Mathematik lehrt uns mit dem Problem der Verallgemeinerung von Erkenntnissen umzugehen. Damit leistet die Beschäftigung mit Mathematik einen bedeutenden Beitrag zur Allgemeinbildung. Das Wort *allgemein* steckt sowohl im Wort Allgemeinbildung als auch im Wort Verallgemeinerung, dies deckt den inneren Zusammenhang dieser beiden Begriffe auf.

5.1 Ähnliche Figuren über den Seiten

Bei unseren Spekulationen zur Entstehungsgeschichte des Lehrsatzes des Pythagoras (vgl. 2.2.1) hatten wir auch den Fall betrachtet, dass gleichseitige Dreiecke über den Seiten des rechtwinkligen Dreiecks errichtet werden. Es müssen also nicht unbedingt Quadrate sein. Die Aussage des Satzes ist aber nicht auf diese beiden speziellen regelmäßigen Vielecke beschränkt. Sie gilt auch dann, wenn die Figuren über den Seiten des rechtwinkligen Dreiecks lediglich ähnlich zueinander sind.

Was versteht man unter Ähnlichkeit von Figuren? Wir nennen zwei Figuren ähnlich, wenn sie sich nur in ihrer Größe, nicht aber in ihren Winkeln und Seitenverhältnissen unterscheiden. Diese Definition lässt sich auch auf krummlinig begrenzte Figuren ausdehnen. Wird eine Figur um den Faktor k vergrößert, dann ändert sich ihr Flächeninhalt um den Faktor k^2.

Sind $\mathcal{A}_a$, $\mathcal{A}_b$, $\mathcal{A}_c$ die Flächeninhalte der ähnlichen Figuren über a, b, c, dann gilt:

$$\frac{\mathcal{A}_a}{\mathcal{A}_c} = \left(\frac{a}{c}\right)^2; \; \frac{\mathcal{A}_b}{\mathcal{A}_c} = \left(\frac{b}{c}\right)^2.$$

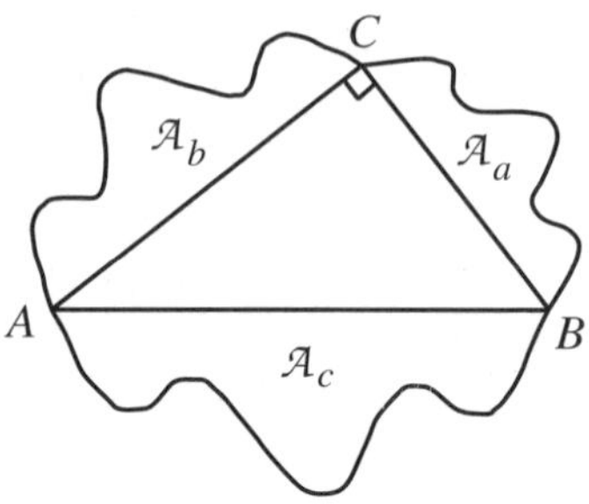

Daraus folgt:

$$\mathcal{A}_a + \mathcal{A}_b = \left[\left(\frac{a}{c}\right)^2 + \left(\frac{b}{c}\right)^2\right]\mathcal{A}_c = \frac{a^2+b^2}{c^2}\,\mathcal{A}_c = \mathcal{A}_c,$$

da ABC rechtwinklig ist.

Damit erhalten wir ein Ergebnis, das sich bereits in den *Elementen* des Euklid (Buch VI, 31) findet:

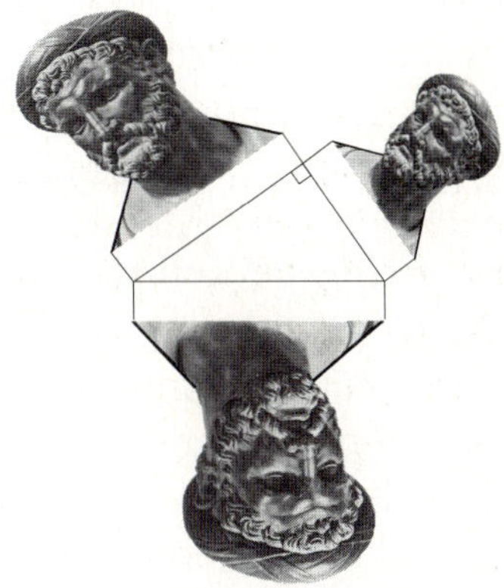

Zeichnet man über den Seiten eines rechtwinkligen Dreiecks ähnliche Figuren, dann ist die Summe der Flächeninhalte der Figuren über den Katheten gleich dem Flächeninhalt über der Hypotenuse.

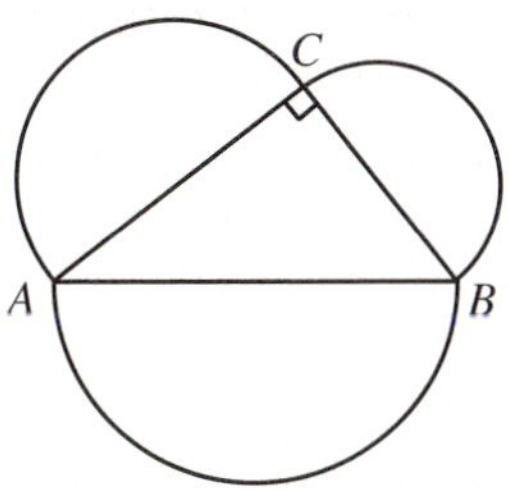

Zu den einfachsten krummlinig begrenzten Figuren, auf die obiges Ergebnis angewendet werden kann, gehört der Halbkreis.

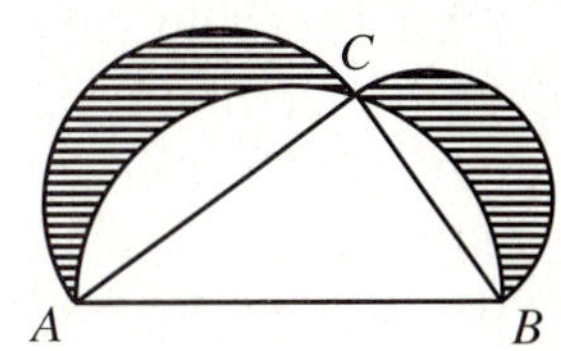

Klappen wir den Halbkreis unter der Hypotenuse nach oben, so erhalten wir eine bekannte Konfiguration, die sog. *Möndchen des Hippokrates*.

Ohne Mühe kann man zeigen (dies ist keine der üblichen Floskeln in Mathematikbüchern, sondern entspricht der Tatsache), dass die Fläche des Dreiecks ABC gleich der Summe der Flächen der beiden schraffierten „Möndchen" ist. Damit gelang erstmals in der Mathematik die *Quadratur einer krummlinig begrenzten Figur*, d.h. die Überführung einer krummlinig begrenzten Figur in eine flächengleiche geradlinig begrenzte.

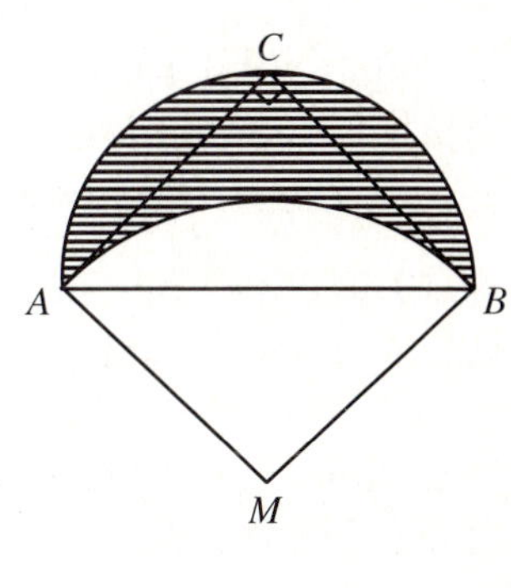

In der Geometrie verstehen wir unter einem *Mond* eine Figur, die von zwei Kreisbögen mit unterschiedlichen Radien begrenzt wird. Auf diese Figur wird man im Zusammenhang mit Untersuchungen zur Quadratur des Kreises gestoßen sein. Wir beginnen mit einem Halbkreis, der einem gleichschenklig rechtwinkligen Dreieck umbeschrieben ist. Über der Hypotenuse konstruieren wir einen Kreisbogen, der ähnlich zu dem Kreisbogen über den Katheten ist.

Es gilt nun: *Die Fläche des Quadrats AMBC ist doppelt so groß wie die des schraffierten Mondes (Kreisbogenzweieck AB).*

5.1.1 Exkurs: Die klassischen Probleme der Antike

Der Erfolg bei den Mond-Quadraturen mag der Grund sein, warum die antiken Wissenschaftler (und nicht nur diese) glaubten, auch die *Quadratur des Kreises* durchführen zu können. Diese Problemstellung ist zusammen mit der *Dreiteilung eines beliebigen Winkels* und der *Verdoppelung des Würfels* unter dem Namen *klassische Probleme der Antike* in die Literatur eingegangen. Die intellektuelle Herausforderung dieser Probleme lag an der ‚Nebenbedingung', dass diese Aufgaben gemäß den klassischen Konstruktionsvorgaben nur mit Zirkel und Lineal gelöst werden durften.

Das Lineal darf dabei nur verwendet werden zum Zeichnen einer Geraden unbestimmter Länge durch zwei gegebene verschiedene Punkte und der Zirkel nur zum Zeichnen eines Kreises mit gegebenem Mittelpunkt durch einen zweiten gegebenen Punkt. Der Grund für die Bevorzugung von Zirkel und Lineal mag gewesen sein, dass Kreise und Geraden als die geometrischen Gebilde mit der größten Vollkommenheit und Harmonie angesehen wurden. Unter dem Einfluss der Philosophie Platons wurde die Geometrie zu einem vornehmen und ästhetisch vollkommenen Denksport. Die Verwendung eines Lineals mit Maßeinteilung, von Zeichendreiecken oder anderer Hilfsmittel wäre schon verdächtig nahe bei handwerklicher Tätigkeit und daher nicht diskutabel. So verwundert es nicht, dass in späterer Zeit diese Festlegung der Konstruktionsregeln Platon zugeschrieben wurde. Dies behauptet beispielsweise PAPPOS VON ALEXANDRIA, der etwa 600 Jahre nach Platon lebte. Aus Platons Schriften selbst ist mir allerdings kein Hinweis auf diese Einschränkung der Konstruktionsmittel bekannt. Somit kann Platon fairerweise nicht als Buhmann für Generationen von Schülern herangezogen werden, die wegen „seiner" Spielregeln viel Schweiß vergossen haben.

Die Beschäftigung mit diesen drei klassischen Problemen lieferte in der Folgezeit bedeutende Beiträge zur Entwicklung der Geometrie. Denn die antiken Wissenschaftler fanden z. T. brillante Lösungen, allerdings benötigten sie zusätzliche, also ‚verbotene' Hilfsmittel, was sie aber keineswegs zu stören schien. Dazu gehörten u. a. zahlreiche höhere Kurven wie z. B. Konchoide, Cissoide, Quadratrix, die bei diesen Lösungsversuchen entdeckt und verwendet wurden.

Klassische Probleme der Antike

- Verdoppelung des Würfels (d.h. zu einem gegebenen Würfel soll ein Würfel mit doppeltem Volumen konstruiert werden, auch delisches Problem genannt).
- Dreiteilung eines beliebigen gegebenen Winkels.
- Quadratur des Kreises (d.h. zu einem gegebenen Kreis soll ein flächengleiches Quadrat konstruiert werden).

Auch in späteren Jahrhunderten befassten sich immer wieder bedeutende Mathematiker (z. B. R. Descartes) und berühmte Künstler (z. B. A. Dürer) mit diesen Problemen. Aber auch mathematische Laien wurden aktiv. Die Popularität der drei antiken Aufgabenstellungen verdeutlicht ein Beschluss der Pariser Akademie aus dem Jahr 1775:

> „L'Académie a pris, cette année, la résolution de ne plus éxaminer aucune solution des problèmes de la duplication du cube, de la trisection de l'angle ou de la quadrature du cercle, ni aucune machine annoncée comme un movement perpétuel."

Nachdem im Laufe der Jahrhunderte keine Lösungen mit Zirkel und Lineal allein gefunden wurden, fragte man nun umgekehrt: Lässt sich vielleicht die Unmöglichkeit dieser Lösungen nachweisen? Ein Fünkchen Hoffnung keimte allerdings nochmals für eine eventuelle Lösbarkeit auf. Denn 1796 bewies der 18-jährige C. F. Gauss, dass das regelmäßige 17-Eck mit Zirkel und Lineal konstruiert werden kann. Dies war eine Sensation, denn auch an diesem Problem versuchte man sich seit Jahrhunderten vergebens. Gauss enthüllte bislang versteckte Kräfte, die den Zirkel-und-Lineal-Konstruktionen innewohnten. Mussten dann nicht auch die drei klassischen Probleme zu knacken sein? Die Antwort lautet nein, aber darauf musste man noch etwa 40 bzw. 85 Jahre warten.

Warum durchschaute man im 19. Jahrhundert die Lösbarkeit bzw. Unlösbarkeit solcher Probleme, während Generationen von Wissenschaftlern seit der Antike daran gescheitert waren? Der eigentliche Grund dafür liegt im Übergang von der rein geometrischen Behandlung geometrischer Probleme zur algebraischen Behandlung dieser Probleme. Mit den Fortschritten in der Theorie der algebraischen Gleichungen begann man auch algebraische Kriterien für die Lösbarkeit einer Konstruktionsaufgabe mit Zirkel und Lineal aufzustellen. Insbesondere zwei Mathematiker lieferten dazu grundlegende Beiträge: Carl Friedrich GAUSS (1777–1855) und Evariste GALOIS (1811–1832).

Evariste Galois (links) und Carl Friedrich Gauss

Die klassischen Probleme der Antike sind – wohl wegen ihrer leicht zu verstehenden Aufgabenstellung – auch heute noch bei Amateurmathematikern sehr beliebt. Auf diesen an sich sehr erfreulichen Umstand fallen aber dunkle Schatten, da mathematischen Laien meist nur sehr schwer oder überhaupt nicht plausibel zu machen ist, dass die Unlösbarkeit dieser geometrischen Probleme mit Hilfe algebraischer Methoden längst bewiesen ist. Würfelverdoppler, Kreisquadrierer und insbesondere Trisektierer sind der Schrecken vieler mathematischer Institute. Der Hinweis auf Pierre Laurent WANTZEL (1814–1848), der 1837 einen Beweis über die Unmöglichkeit der Winkeldreiteilung und der Würfelverdoppelung mit Zirkel und Lineal veröffentlichte, nützt gar nichts.

Journal de mathématiques pures et appliquées, Vol. 2, 1837, S. 366–372: „Recherches sur les moyens de reconnaître si un Problème de Géométrie peut se résoudre avec le règle et le compas.“

Auch der Transzendenzbeweis von π durch Ferdinand LINDEMANN (1852–1939) hält keinen echten Kreisquadrierer von seinem heroischen Feldzug gegen das in seinen Augen die Wahrheit nicht sehen wollende mathematische Establishment ab. Übrigens schreibe ich hier ganz bewusst die männliche Form Trisektierer bzw. Quadrierer, denn Damen sind mir bislang bei diesen Tätigkeiten noch nicht begegnet. Was mag der Grund sein? Beschäftigen sich Damen in ihrer Freizeit nicht mit

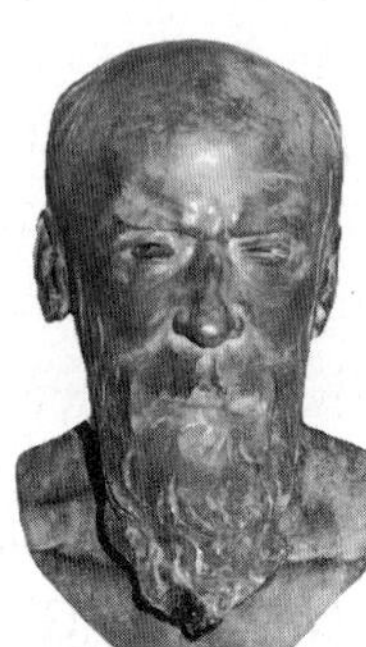

Ferdinand Lindemann

mathematischen Fragestellungen? Das wäre eine sehr bedauerliche Entwicklung, zumal es bereits z. B. in England im 18. und 19. Jahrhundert eine Frauenzeitschrift gab, die sich ausschließlich mathematischen Unterhaltungs- und Knobelaufgaben widmete. *The Lady's Diary or Woman's Almanach* versprach seinen Leserinnen: „... The cultivation of your minds will increase your attractiveness." Vielleicht hat die Bildung des Verstandes bei den Damen schon so weit geführt, dass sie ein ausgeprägteres Gespür als Männer für die Unterscheidung von sinnvollen und nicht sinnvollen Betätigungen haben.

5.1.2 Hippokrates von Chios

Mit dem Problem der Würfelverdoppelung hatte sich u. a. auch unser Möndchenquadrierer HIPPOKRATES VON CHIOS (um 450 v. Chr.) beschäftigt. Er führte diese Aufgabenstellung über in ein äquivalentes Problem, nämlich die Bestimmung zweier mittlerer Proportionalen zu zwei gegebenen Streckenlängen. Die Lösung wurde damit allerdings nicht gerade wesentlich vereinfacht. Archytas von Tarent und Menaichmos griffen einige Jahrzehnte später diese Idee auf und kamen so zu Lösungen, die aber wiederum die Spielregeln verletzten. Historisch bedeutsam ist vor allem, dass MENAICHMOS (um 360 v. Chr.) in diesem Zusammenhang die *Kegelschnitte* entdeckte. Diese Kurven mit ihren zahlreichen praktischen Anwendungen haben also ihren Ursprung in theoretischen Überlegungen. Auch wurden sie nicht, wie der Name vermuten lässt, zuerst als Schnitte eines Kegels mit einer Ebene gefunden. Ob Menaichmos bereits alle drei Kegelschnitte kannte, ist nicht mehr nachweisbar. Aber zumindest Hyperbel und Parabel hat er bei seiner Beschäftigung mit der Würfelverdoppelung gefunden. Platon konnte diesen Lösungen nichts abgewinnen. Er sagte verächtlich: „Diese sind nichttheoretische Methoden und zerstören das Gute in der Geometrie." – Diese Einstellung erinnert in der Tendenz an das Verhalten etlicher Mathematiker zu dem Beweis des Vierfarbentheorems mit Hilfe des Computers. – Die Namen für die einzelnen Kegelschnitte prägte erst über 100 Jahre später APOLLONIUS VON PERGE (ca. 260–190 v. Chr.).

In seinem Kommentar zum 1. Buch der *Elemente* des Euklid bezeichnet Proklos den Hippokrates als Verfasser eines *Elementarbuches*. Das muss ein Sammelwerk geometrischer Ergebnisse, eine Art Lehrbuch, gewesen sein. Obwohl keine Abschriften erhalten blieben, lässt sich aus Hinweisen und Zitaten anderer Autoren (z. B. Aristoteles, Eudemos) erschließen, dass es inhaltlich etwa den Stoff der ersten vier Bände der *Elemente* umfasste. Dies mag auch der Grund sein, warum in späterer Zeit keine Abschriften mehr angefertigt wurden, da mit Euklids Werk ein viel umfassenderes Kompendium zur Verfügung stand.

Biographische Angaben zu Hippokrates von Chios sind nur spärlich überliefert, genaue Lebensdaten überhaupt nicht. Man weiß lediglich, dass er zunächst Kaufmann war und um 450 v. Chr. seine Heimat Chios (eine Insel in der Ägäis vor der kleinasiatischen Küste) verließ, um nach Athen zu gehen. Aristoteles berichtet, dass er sein gesamtes Geld in Byzantium durch einen Betrug verlor; anderen Quellen zufolge wurde er von Piraten ausgeraubt. Diesen Schicksalsschlag hat er aber nie bedauert, im Gegenteil, er nahm ihn als Anlass, sich dem Studium der Geometrie zu widmen (weil er nichts mehr zu verlieren hatte?!). Aristoteles hält ihn für weniger scharfsinnig als Thales. Seit dessen Tod, also seit etwa 150 Jahren, hatte die Geometrie inhaltlich und methodisch große Fortschritte gemacht. Bei Hippokrates finden wir Ergebnisse aus vielen Bereichen der ebenen Geometrie: Kongruenz, Ähnlichkeit Verhältnisse von Flächen, Satz des Pythagoras und verwandte Lehrsätze, Winkel an Kreisen sowie Konstruktionsaufgaben (Halbierung von Strecke und Winkel, Errichten einer Senkrechten, Fällen des Lotes u. ä.).

Unsere Kenntnisse über die Mondquadraturen des Hippokrates verdanken wir dem neuplatonischen Philosophen SIMPLIKIOS, der im 6. Jahrhundert nach Christus lebte. Nach Schließung der Athener Akademie im Jahre 529 ging er zunächst nach Persien, kehrte aber 533 nach Athen zurück. Seine Kommentare zu den Werken des Aristoteles (wahrscheinlich um 530 entstanden) enthalten viele wichtige historische Angaben. Simplikios behauptet, dass er sein Wissen über Hippokrates aus der (verloren gegangenen) *Geschichte der Geometrie* des EUDEMOS VON RHODOS (um 320 v. Chr.) entnommen habe, mit Ausnahme einiger aus den *Elementen* übernommener Zusätze.

Bekannter als unser Hippokrates von Chios ist ohne Zweifel sein Zeitgenosse, der Arzt HIPPOKRATES VON KOS (ca. 460– ca. 370 v. Chr.). Von ihm können wir uns sogar ein Bild machen, auch wenn an der römischen Marmorkopie einer griechischen Herme aus dem vierten Jahrhundert v. Chr. die Zeit nicht ganz spurlos vorüber gegangen ist.

Hippokrates von Kos gilt als Begründer der Medizin als Erfahrungswissenschaft auf Grund von Beobachtungen und der Beschreibung der Krankheitssymptome. Die hippokratische Medizin rückte ganz bewusst von einer religiösen oder magischen Krankheitsauffassung ab und betonte die hohe ethische Verantwortung ärztlichen Handelns. Die ethischen Leitsätze des Hippokrates haben noch immer Gültigkeit, sie dienten dem heutigen Ärztegelöbnis als Vorbild. Wie Chios ist auch Kos eine Insel in der Ägäis, südlich von Samos der Küste vorgelagert. Der auf Chios angebaute Wein soll im Vergleich zu dem von Kos der bessere sein, was natürlich für den guten Geschmack der Mathematiker spricht.

Hippokrates von Kos

5.2 Projektionssätze

Ebenfalls in den *Elementen* des Euklid (Buch II, 12 bzw. 13) findet sich eine weitere Verallgemeinerung des pythagoreischen Lehrsatzes. Die Voraussetzung der Rechtwinkligkeit des Dreiecks *ABC* wird fallen gelassen, wir betrachten ein spitz- bzw. stumpfwinkliges Dreieck. Der Satz des Pythagoras ergibt sich dann als Spezialfall. Das klingt fast wie die Demontage eines Heiligtums. Der berühmte Lehrsatz, dem wir uns so intensiv widmen, entpuppt sich als Spezialfall eines umfassenderen Ergebnisses. Ernüchternd bleibt festzustellen: So ist das Leben, jedenfalls in der Mathematik.

Indem wir zunächst die beiden Ergebnisse aus den *Elementen* zusammenfassen, erhalten wir die Aussage:

In einem Dreieck ist das Quadrat der einem spitzen (stumpfen) Winkel gegenüberliegenden Seite gleich der Summe der Quadrate der beiden anderen Seiten minus (plus) dem zweifachen Produkt einer dieser Seiten mit der Projektion der anderen Seite.

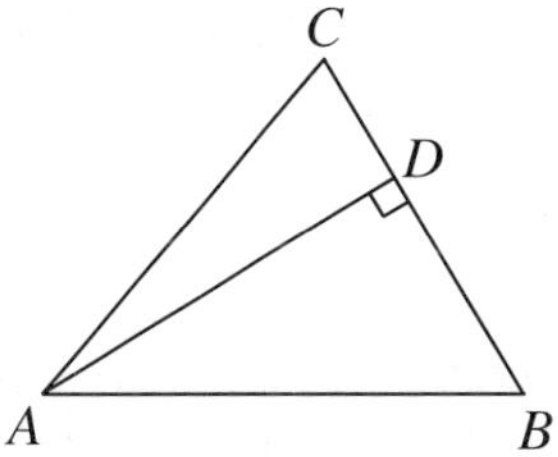

$\overline{AB}^2 = \overline{BC}^2 + \overline{AC}^2 - 2 \cdot \overline{BC} \cdot \overline{DC}.$

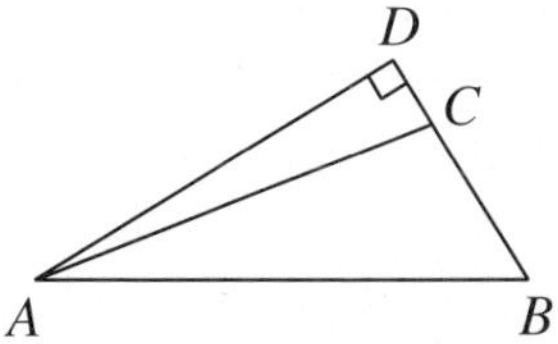

$\overline{AB}^2 = \overline{BC}^2 + \overline{AC}^2 + 2 \cdot \overline{BC} \cdot \overline{DC}.$

Mit Hilfe trigonometrischer Funktionen erhalten wir für die Projektion von $[AC]$ auf $[BC]$:

$$\overline{DC} = \overline{AC} \cdot \cos \sphericalangle BCA \quad \text{bzw.} \quad \overline{DC} = \overline{AC} \cdot \cos \sphericalangle (180° - \sphericalangle BCA).$$

Wegen $\cos(180° - \sphericalangle BCA) = -\cos \sphericalangle BCA$ können wir auf die Fallunterscheidung spitz- bzw. stumpfwinklig verzichten. Wegen $\cos 90° = 0$ gilt nun für beliebige Dreiecke:

$$\overline{AB}^2 = \overline{BC}^2 + \overline{AC}^2 - 2 \cdot \overline{AC} \cdot \overline{BC} \cdot \cos \sphericalangle BCA,$$

und wir haben den *Kosinussatz* als Verallgemeinerung des Pythagoras vor uns.

Jetzt kehren wir zu der bekannten Pythagoraskonfiguration mit den Quadraten über den Seiten des Dreiecks zurück. Ein ‚kleiner' Unterschied soll aber bestehen: Das Dreieck ist nicht mehr rechtwinklig. Wir zeichnen noch die Höhen des Dreiecks ein und verlängern diese bis zu den gegenüberliegenden Quadratseiten. Falls das Dreieck spitzwinklig ist, unterteilen die verlängerten Höhen die Quadrate in jeweils zwei Rechtecke.

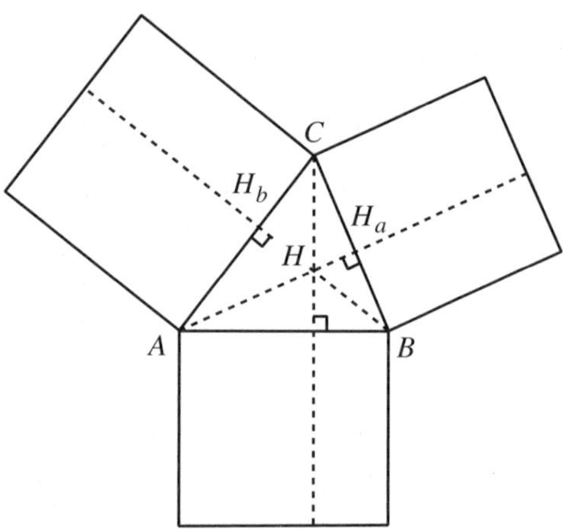

Es gilt: *Je zwei in einer Ecke des Dreiecks ABC zusammentreffende Rechtecke sind flächengleich.*

Diese Aussage bleibt auch für stumpfwinklige Ausgangsdreiecke gültig. Es ist nur zu beachten, dass die Rechtecke über $[AC]$ bzw. $[BC]$ nicht durch eine innere Teilung der Quadrate entstehen, sondern durch Hinzufügen bzw. Ergänzen, da die Höhenfußpunkte H_a bzw. H_b auf den verlängerten Dreiecksseiten liegen.

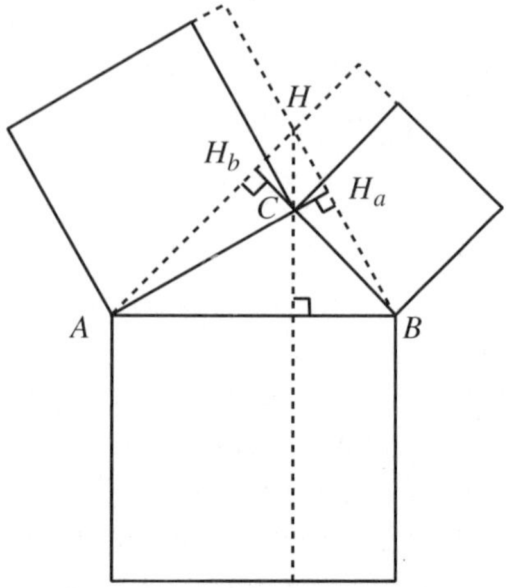

Falls im Dreieck ABC der $\sphericalangle BCA = 90°$ ist, fallen die Höhenfußpunkte H_a und H_b mit C zusammen. Aus den Rechtecken über $[BH_a]$ bzw. $[AH_b]$ werden die Kathetenquadrate. Zweimaliges Anwenden der obigen Aussage, die dann in den Kathetensatz übergegangen ist, liefert den Pythagoras.

Den Nachweis der Flächengleichheit wollen wir exemplarisch an den im Punkt C zusammentreffenden Rechtecken führen. Da die Geschmäcker bekanntlich verschieden sind (auch in der Mathematik), bieten wir zwei Beweisvarianten:

Erster Beweis: $\Delta ACH_a \sim \Delta BCH_b$ (ww)

$$\Rightarrow \frac{\overline{CH_a}}{\overline{CA}} = \frac{\overline{CH_b}}{\overline{CB}} \Rightarrow \overline{CH_a} \cdot \overline{CB} = \overline{CH_b} \cdot \overline{CA}$$

Zweiter Beweis: H_a, H_b liegen als Höhenfußpunkte auf dem Thaleskreis über $[AB]$. Für ein spitzwinkliges Dreieck ABC sind CA bzw. CB Sekanten bzgl. dieses Kreises und aus dem *Sekantensatz* folgt die Flächengleichheit der Rechtecke. Für ein stumpfwinkliges Dreieck ABC sind $[AH_a]$ bzw. $[BH_b]$ Sehnen im Thaleskreis, die sich in C schneiden. Die Flächengleichheit der Rechtecke ergibt sich dann aus dem *Sehnensatz*. □

Sehnensatz:
Zieht man durch einen Punkt im Kreisinnern zwei Sehnen, so sind die Rechtecke aus den jeweiligen beiden Sehnenabschnitten flächeninhaltsgleich.

Sekantensatz:
Zieht man durch einen Punkt im Kreisäußeren zwei Sekanten, so sind die Rechtecke aus den jeweiligen Sekantenabschnitten flächeninhaltsgleich.

Kommen wir nochmals auf die obige Konfiguration mit einem spitzwinkligen (o. B. d. A.) Ausgangsdreieck zurück. Hier lässt sich sehr schön demonstrieren, wie unmittelbar aus einer gelösten Aufgabe eine neue Problemstellung entsteht. Wir verallgemeinern den Zerlegungsprozess der Quadrate in jeweils zwei Rechtecke. Anstelle des Höhenschnittpunktes betrachten wir einen beliebigen Ecktransversalenschnittpunkt P im Innern des Dreiecks ABC. Die Senkrechten auf den Schnittpunkten dieser Ecktransversalen mit den Dreiecksseiten unterteilen die aufgesetzten Quadrate wiederum in jeweils zwei Rechtecke.

Unsere Frage lautet nun: Gibt es außer dem Höhenschnittpunkt H einen weiteren Punkt P, so dass jeweils die zwei in einem Dreieckseckpunkt zusammentreffenden Rechtecke flächengleich sind?

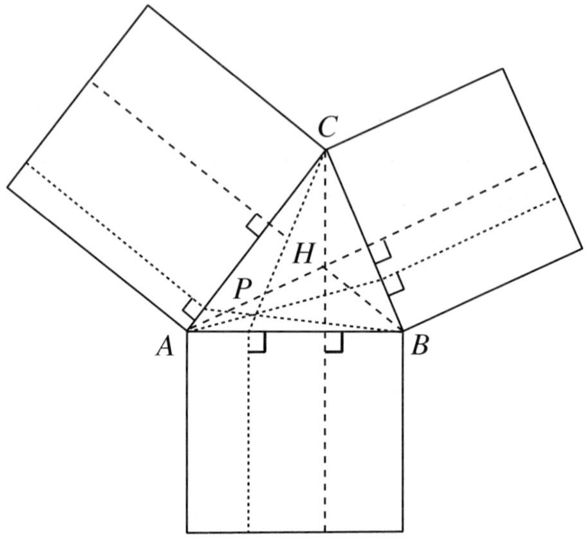

Die Antwort auf diese Frage wollen wir nicht schuldig bleiben. Eine Begründung geben wir allerdings nicht. Ab und zu muss auch eine kleine ‚Hausaufgabe' bleiben, zumal eine Richtung des Beweises schon erledigt ist. Wir formulieren lediglich das Ergebnis:

Je zwei in einem Eckpunkt des Dreiecks ABC zusammentreffende Rechtecke, die gemäß obiger Vorschrift konstruiert wurden, sind genau dann flächengleich, wenn P der Höhenschnittpunkt ist.

5.3 Pappos – zweifach verallgemeinert

Ein bedeutendes Sammelwerk der antiken Mathematik stammt aus der Feder des Pappos von Alexandria (um 300 n. Chr.; als einziger konkreter Anhaltspunkt für seinen Lebenszeitraum dient eine Sonnenfinsternis, deren Eintreten er für das Jahr 320 n. Chr. in einem Kommentar zum *Almagest* des Ptolemaios berechnete). Seine *Mathematische Sammlung* (griech.: Synagoge) besteht aus acht Teilen (Büchern), wobei unterschiedliche mathematische Gebiete betrachtet werden. Es besteht die Vermutung, dass Pappos diesen kommentierten Führer durch die höhere Mathematik nicht selbst zusammengestellt hat, sondern dass nach seinem Tod ein Nachlassverwalter auf diese Weise ein Verlorengehen der vorhandenen Aufzeichnungen verhindern wollte. Diese Absicht ist auch fast geglückt, lediglich Buch I und ein Teil des zweiten Buches sind nicht mehr erhalten. Die Pappos'sche *Sammlung,* die letzte herausragende Abhandlung der antiken Mathematik, erweist sich als eine wichtige Quelle für die Geschichte der Mathematik. So werden zum Beispiel in

Buch III die uns aus Abschnitt 5.1 bereits vertrauten drei klassischen Probleme der Antike beschrieben und etliche Lösungen unter Zuhilfenahme höherer Kurven vorgestellt. Ohne Begründung behauptet Pappos, dass diese Aufgaben nicht mit Zirkel und Lineal lösbar seien. Auf den fehlenden Nachweis musste man, wie wir bereits wissen, noch bis zum 19. Jahrhundert warten.

Aber nicht nur Leistungen anderer Autoren wurden in der *Sammlung* berücksichtigt; es finden sich hier auch etliche eigene Beiträge des Pappos, insbesondere Erweiterungen und Verallgemeinerungen bekannter Ergebnisse. Dazu gehört auch eine Verallgemeinerung des Pythagoras in Buch IV. Pappos verallgemeinert gleich auf zweifache Weise. Das bei Pythagoras rechtwinklige Dreieck ersetzt er durch ein beliebiges Dreieck und die Quadrate durch Parallelogramme.

ABC ist ein beliebiges Dreieck und ACC'A' bzw. BB'C"C sind beliebige Parallelogramme über den Seiten [AC] bzw. [BC]. Die Geraden A'C' und B'C" schneiden sich in S. Wir zeichnen [AA"] und [BB"] parallel zu [SC] und gleich lang wie [SC]. Dann ist die Fläche des Parallelogramms AA"B"B gleich der Summe der Flächen der Parallelogramme ACC'A' und BB'C"C.

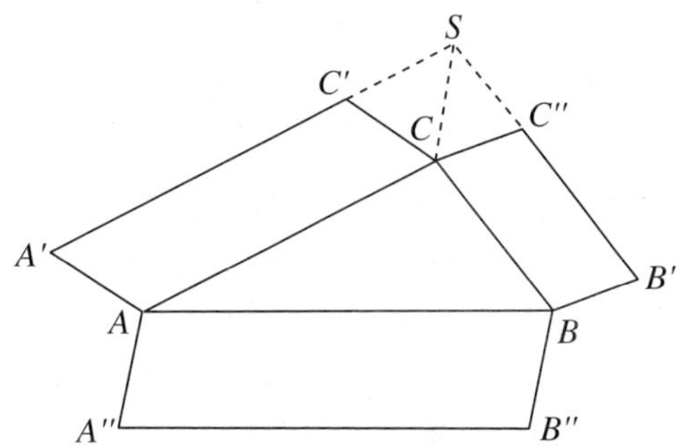

Der Nachweis dieser Flächengleichheit zeigt, dass beim Verallgemeinern die Beweisidee des ursprünglichen Lehrsatzes ihre Gültigkeit behalten kann. Erinnern wir uns an den Beweis des Pythagoras, der auf der Flächengleichheit der Kathetenquadrate mit dem jeweils zugehörigen ‚Hypotenusenrechteck' (Projektion der Kathete mal Hypotenusenlänge) basiert (vgl. 3.2).

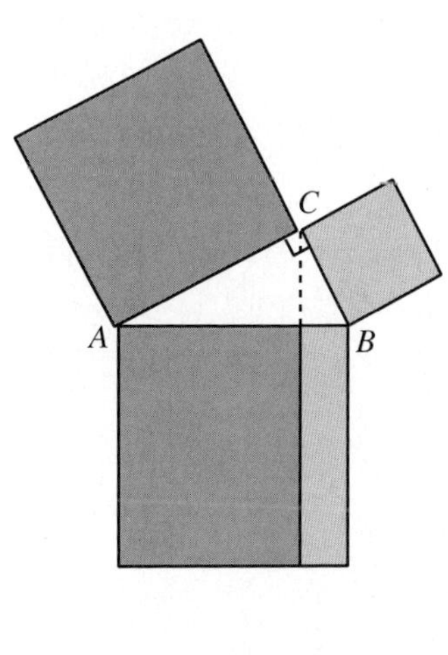

Diese Vorgehensweise lässt sich auch auf den Satz des Pappos anwenden. Wir müssen ‚lediglich' geeignete Hilfslinien einzeichnen. Ein Blick auf die nebenstehende Figur erübrigt jede weitere Erläuterung. In Geometriebüchern des 19. Jahrhunderts steht in solchen Fällen meist das Wort ‚sic' (siehe)!

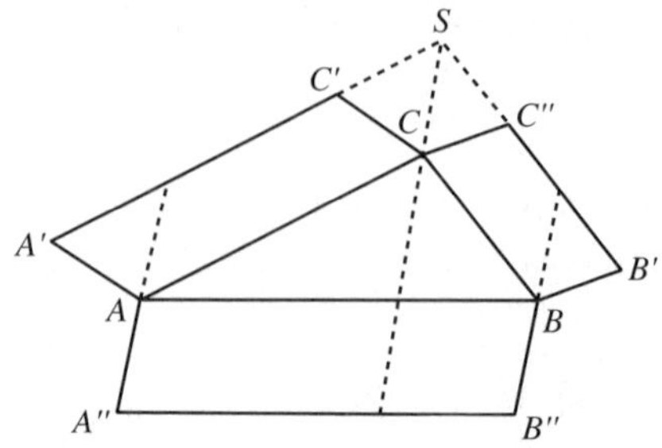

Die mathematischen Leistungen des Pappos beschränken sich aber nicht auf solche elementare Aussagen. Bemerkenswerte Resultate erzielte er auf dem Gebiet der projektiven Geometrie (Satz des Pappos) und bei der Berechnung der Volumina von Drehkörpern. Über 1200 Jahre vor Paul GULDIN (1577–1643) kannte er bereits die sog. *Guldin'schen Regeln.*

5.4 Eine arabische Verallgemeinerung

Mathematikhistoriker bezeichnen den muslimischen Gelehrten TABIT IBN QURRA (826/827–901) oftmals als das arabische Pendant zu Pappos, weil beide sich durch ihre Beiträge und Kommentare zur höheren Mathematik auszeichnen. Uns interessiert aus Tabit ibn Qurras Werk eine elementare Verallgemeinerung des Pythagoras, also eine weitere thematische Gemeinsamkeit der beiden.

ΔABC sei ein beliebiges Dreieck. Wir wählen auf AB Punkte A' und B', so dass $\measuredangle BB'C = \measuredangle CA'A = \measuredangle ACB$. Dann gilt:

$$\overline{AC}^2 + \overline{BC}^2 = \overline{AB} \cdot (\overline{AA'} + \overline{BB'}).$$

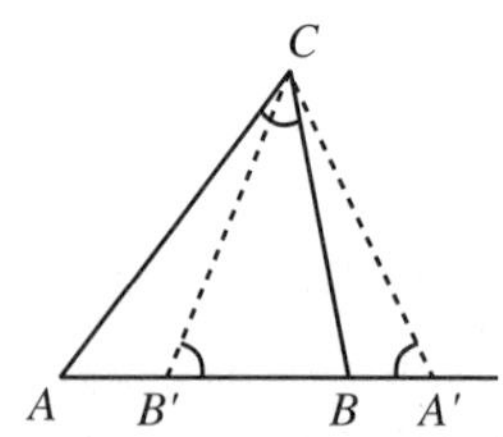

O.B.d.A. haben wir das Dreieck ABC spitzwinklig gewählt. Analog zum Beweis des Satzes des Pythagoras mittels der Ähnlichkeit (vgl. Abschnitt 2.3) betrachten wir hier zwei Teildreiecke, die zum Ausgangsdreieck ABC ähnlich sind.

$$\Delta B'BC \sim \Delta ABC\ (ww) \Rightarrow \frac{\overline{AB}}{\overline{BC}} = \frac{\overline{BC}}{\overline{BB'}}$$

$$\Rightarrow \overline{BC}^2 = \overline{AB} \cdot \overline{BB'} \qquad (5.1)$$

$$\Delta AA'C \sim \Delta ABC\,(ww) \Rightarrow \frac{\overline{AB}}{\overline{AC}} = \frac{\overline{AC}}{\overline{AA'}}$$

$$\Rightarrow \overline{AC}^2 = \overline{AB} \cdot \overline{AA'} \qquad (5.2)$$

Addition von (5.1) und (5.2) ergibt die Behauptung. □

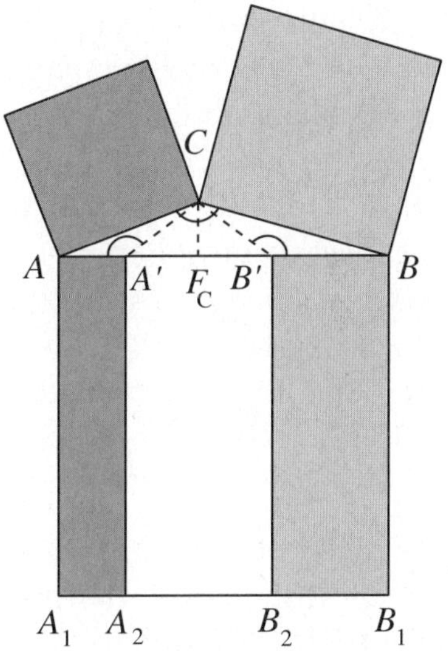

Falls ΔABC rechtwinklig ist, fallen die Punkte A' und B' mit dem Fußpunkt des Lotes von C auf AB zusammen. Die Verallgemeinerung Tabits geht somit in den Lehrsatz des Pythagoras über. Dieser Vorgang lässt sich sehr schön geometrisch verdeutlichen. Der besseren Übersichtlichkeit halber wählen wir diesmal ΔABC stumpfwinklig. Es gilt: $\overline{AB} = \overline{A_1B_1} = \overline{AA_1} = \overline{BB_1}$.

Das Quadrat über $[AC]$ ist flächengleich dem Rechteck $AA'A_2A_1$, das Quadrat über $[BC]$ ist flächengleich dem Rechteck $BB'B_2B_1$. Nähert sich der Winkel bei C dem Wert 90°, so wandern die Punkte A' bzw. B' auf F_C zu. Für $\Delta ACB = 90°$ erhalten wir $A' = F_C = B'$ und somit die Pythagoraskonfiguration.

Tabit arbeitete in Bagdad im sog. *Haus der Weisheit*, einer Art Akademie der Wissenschaften, zu der auch eine Bibliothek und eine Sternwarte gehörten. Bagdad war damals noch eine sehr junge Stadt. Erst 762 durch den Kalifen Al-Mansur (Kalifat: 754–775) in der Nähe der Ruinen von Babylon gegründet, entwickelte sich die Stadt sehr rasch zu einem bedeutenden Wissenschaftszentrum. Die Abbasiden-Herrscher al-Mansur und dann der uns aus den Erzählungen von *Tausendundeiner Nacht* bekannte Harun Al-Raschid (Kalifat: 786–809) holten jüdische, syrische und persische Gelehrte an ihren Hof und förderten u.a. die Übersetzung der Werke griechischer Wissenschaftler wie Euklid, Archimedes, Apollonios, Ptolemaios. Das *Haus der Weisheit* war dann eine Gründung des Kalifen Al-Mamun (Kalifat: 813–833), eines Enkels al-Mansurs. Man kann es vielleicht als eine „Neuauflage" des berühmtesten Forschungszentrums der Antike, des *Museions* in Alexandria, ansehen, das 389 n. Chr. geschlossen wurde. Theon und seine Tochter

Hypatia beendeten dort die große Tradition herausragender Gelehrter, die um 300 v. Chr. mit Euklid begann (vgl. 4.2.7).

al-Khwarizmi

Im Jahr 773 kam der indische Wissenschaftler MANKAH nach Bagdad. In seinem Gepäck befand sich die Schrift *Brahmasputasiddhanta,* eine Abhandlung zur Himmelskunde seines Landsmannes BRAHMAGUPTA (598–ca. 665). Durch die Übersetzung dieses Werkes lernten die Araber die indischen Ziffern kennen. Über diese Ziffern und das Rechnen mit ihnen verfasste um 820 der „arabische Euklid" Abu Jafar Mohammed ibn Musa AL-KHWARIZMI (ca. 780 – ca. 850 n. Chr.) ein Buch, dessen Original zwar verschollen ist, aber dessen lateinische Übersetzung *De numero Indorum* aus dem 12. Jahrhundert in mehreren Handschriften erhalten blieb. Durch dieses Buch wurden die *indischen Ziffern* im Abendland bekannt, und zwar als *arabische Ziffern.* Den Anfang machte Italien. 1202 erschien das Rechenbuch *liber abbaci* des Leonardo von Pisa (vgl. 4.3).

Der Autor des Buches *Über die indischen Zahlen* trägt den nicht gerade seltenen Namen Mohammed, daher nennt man ihn dem üblichen Brauch folgend zur deutlichen Unterscheidung al-Khwarizmi. Dieser Namenszusatz gibt Auskunft über den Abstammungsort der Person bzw. der Großfamilie. In unserem Fall stammt Mohammed bzw. seine Familie aus dem Ort Khwarizm (heute: Khiva, Republik Usbekistan) südlich des Aralsees.

Die lateinische Ausgabe dieses Buches beginnt mit den Worten „Dixit Algoritmi... (Algoritmi hat gesagt...)". Aus dieser Verballhornung des Namens al-Khwarizmi entstand das Wort *algorismus,* worunter man die Lehre vom Rechnen verstand. Daraus wurde dann der heutige Begriff *Algorithmus* für Rechenverfahren. Es erstaunt schon, dass ein so zentraler Begriff der angewandten Mathematik und inbesondere der Informatik aus einer Ortsbezeichnung entstand. Die moderne Auffassung des Algorithmusbegriffs geht übrigens über das bloße Rechenverfahren hinaus. Die heutige Sichtweise ist wesentlich differenzierter.

Ein Algorithmus ist eine endliche Folge von eindeutig bestimmten Elementaranweisungen, die den Lösungsweg eines Problems exakt und vollständig beschreiben ([42], S. 23).

Titelblatt der Arithmetik Handschrift von 1342

Al-Khwarizmi schrieb auch das erste arabische Buch über Arithmetik. Es übte einen nachhaltigen Einfluss auf die Fortentwicklung der elementaren Mathematik aus. Dem Buch gab er keinen Titel und daher wurde es von den Gelehrten etwas umständlich durch eine von al-Khwarizmi im Vorwort gegebene Beschreibung zitiert: *Ein kurzgefasstes Buch über das Rechnen durch Wiederherstellen und Ausgleichen.* Im Original heißt das: Al-kitab al-muhtasar fi hisab al-dschabr wa'l muqabala. Zu beachten ist, dass bei dieser Titelangabe wie bei allen Wiedergaben arabischer Worte mit lateinischen Buchstaben die Schreibweise nicht eindeutig festgelegt ist.

Interessant sind insbesondere die beiden Wörter *al-dschabr* und *al-muqabala*, denen al-Khwarizmi (erstmals?) einen mathematischen Sinn gibt. Letzteres wird von dem Verbum *qabala* abgeleitet, das ‚einander gegenüberstellen' bedeutet. Mit *al-muqabala* bezeichnet al-Khwarizmi den Vorgang des Vergleichens und Ausgleichens von Termen mit Hilfe von Äquivalenzumformungen (beidseitiges Addieren bzw. Multiplizieren von Zahlen). Das Wort *al-dschabr* gibt auf den ersten Blick Rätsel auf. Denn das Verbum *dschabr* bedeutet soviel wie ‚ein ausgerenktes oder gebrochenes Glied wieder einrichten'. Sehr mathematisch klingt dies zunächst nicht! Haller [5] gibt folgende einleuchtende Deutung: Lineare Gleichungen mit einer Unbekannten, bei denen die Unbekannte auf beiden Seiten vorkommt, betrachtet man als aus der Ordnung geraten, also im übertragenen Sinn als ‚ausgerenkt'. Die Ausrenkung ist beseitigt, d. h. die Ordnung wiederhergestellt, wenn die Unbekannte nur auf einer Seite vorkommt. Dies erreicht man durch geeignete Äquivalenzumformung(en).

Dschabr besitzt aber auch die Bedeutung ‚zwingen'. Davon ausgehend lieferte der Mathematiker Abu Bakr Muhammed ibn al-Hassan Al-Karadschi (gestorben um 1020) eine naheliegende Erklärung: *Al-dschabr* ist die Kunst, eine unbekannte Zahl in den Bereich des Bekannten zu zwingen.

Damit sind wir mit den möglichen Deutungen des Wortes *dschabr* noch nicht zu Ende. Vielleicht hat dieses Wort eine ganz andere Herkunftsgeschichte. Im alten Assyrien gab es angeblich in der Mathematik ein Wort *gabru,* das die Bedeutung von ,gleich sein, einander gegenüberstellen' hatte. Die Araber hätten dieses Wort *gabru* – das sie wie *dschabr* aussprachen – übernommen und zusammen mit ihrem entsprechenden Wort *muqabala* verwendet. Demnach lautet der Titel des Buches von al-Khwarizmi: *Ein kurzgefasstes Buch über das Rechnen mit Gleichungen.*

Die Geschichte mit dem Wort *dschabr* geht aber noch weiter. Im 8. Jahrhundert hatten Araber Spanien fast vollständig erobert und in Cordoba entstand ein weiteres Wissenschaftszentrum. Die dortige Bibliothek soll an die 600 000 Handschriften besessen haben.

Gegründet 169 v. Chr. als römische Kolonie wurde Cordoba im Jahr 716 Hauptstadt des muslimischen Reiches *al-Andalus.* Die Stadt entwickelte sich bald zu einer Rivalin Bagdads. Ihren politischen Höhepunkt erreichte sie unter Abd ARRAHMAN III. (Regierungszeit: 912–961), der alle Verbindungen mit dem östlichen Kalifat abbrach und sich selbst zum Kalifen machte. Cordoba gehörte damit zu den Zentren der Welt. Auch als im Jahr 1031 mit der Auflösung des Kalifats als Folge eines Bürgerkrieges die politische Bedeutung sank, standen in dieser Stadt Kunst, Literatur und Wissenschaft weiterhin in voller Blüte. Der lange, allmähliche Niedergang Cordobas begann 1236 mit der christlichen Rückeroberung durch Fernando III. Ihr arabisches Flair hat die Altstadt bis heute behalten.

Die Rückeroberung der von den Arabern besetzten Gebiete begann im 11. Jahrhundert durch König ALFONS VI. von Kastilien. Toledo, neben Cordoba ein Zentrum arabischer Gelehrsamkeit auf spanischem Boden, wurde 1085 eingenommen. Glücklicherweise vernichteten die christlichen Eroberer die arabischen Handschriften nicht. Im Gegenteil, man erkannte ihren Wert. In Toledo wurde eine Übersetzerschule eingerichtet, in der die arabischen Texte ins Lateinische übertragen wurden. Auf diesem Umweg über das Arabische haben wir Kenntnis über viele ansonsten verloren gegangener Schriften antiker Autoren. Mehr als neunzig Werke übersetzte allein GERHARD VON CREMONA (1114–1187), darunter befand sich auch das Rechenbuch des al-Khwarizmi. Der Titel der lateinischen Ausgabe hieß: *Liber maumeti filii moysi alchoarismi de algebra et almuchabala.* Für das arabische Wort *al-dschabr* schrieb Gerhard einfach *algebra,* weil man ein so geschriebenes Wort wie ‚alschebra' aussprach. Er wird kaum geahnt haben, dass er damit den Namen eines mathematischen Gebietes prägte, der die Jahrhunderte überdauerte und den (nahezu) jeder Schüler kennt.

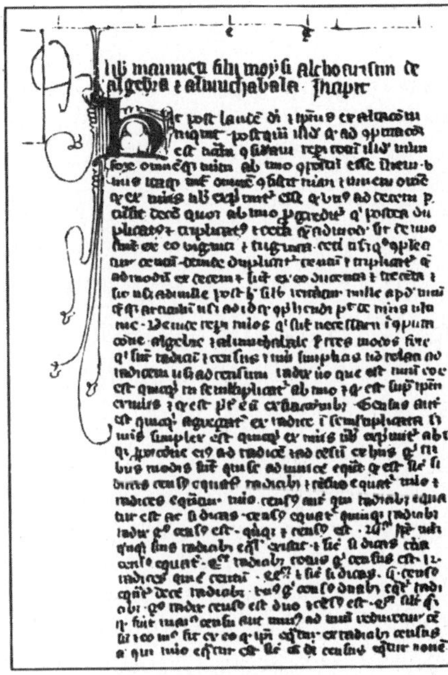

Lateinische Abschrift des arabischen Textes von 1360

5.5 Pythagoras – dreidimensional

Von einem Quader schneiden wir durch einen ebenen Schnitt eine Ecke ab. Wird nun die abgeschnittene Eckenfigur auf die Schnittfläche gestellt, so erhalten wir ein Tetraeder, bei dem die sich in der Spitze treffenden Kanten paarweise aufeinander senkrecht stehen.

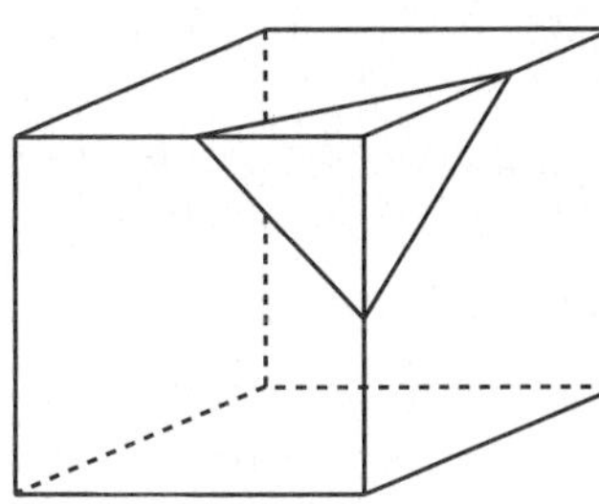

5.5.1 Lehrsatz und Beweis

Diesem rechtwinkligen Tetraeder entspricht in der Ebene das rechtwinklige Dreieck, und wir können nun versuchen – analog zu dem Satz des Pythagoras in der Ebene –, einen entsprechenden räumlichen Satz zu formulieren. Dazu vergleichen wir zunächst die beiden Ausgangsfiguren:

	Rechtwinkliges Dreieck	Rechtwinkliges Tetraeder
Dimension	2	3
Zahl der Ecken	3	4
Zahl der Kanten	3	6
„Begrenzungsgebilde“	Strecken	Dreiecke
Anzahl der „Begrenzungsgebilde“	3	4

Wir übertragen nun die in der Ebene gültige, bekannte Aussage in den dreidimensionalen Raum und erhalten zunächst rein formal den verallgemeinerten „Pythagoras“:

In einem rechtwinkligen Tetraeder ist die Summe der Quadrate der drei Seitenflächen gleich dem Quadrat der Fläche des Basisdreiecks.

Bei dem nachfolgenden Beweis beachten wir zwei *Standardstrategien,* nämlich:

– Betrachte zunächst einen Spezialfall,
– wähle für die Figur eine geeignete Lage.

Spezialfall bedeutet hier, dass wir erst ein gleichschenklig rechtwinkliges Tetraeder betrachten. Seine Lage im Raum wird so gewählt, dass die Ecke D mit den drei rechten Flächenwinkeln den Ursprung eines räumlichen Koordinatendreibeins bildet.

Die Länge der Seitenkanten sei x. Dann gilt:

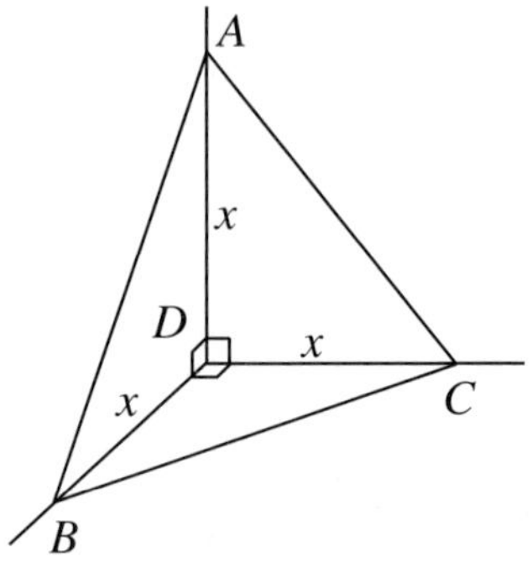

$$\mathcal{A}_{\Delta ABD} = \mathcal{A}_{\Delta BCD} = \mathcal{A}_{\Delta ACD} = \tfrac{1}{2}x^2.$$

Das Basisdreieck ist gleichseitig mit der Seitenlänge $x \cdot \sqrt{2}$.

Dann ist $\mathcal{A}_{\Delta ABC} = \frac{\sqrt{3}x^2}{2}$. Damit folgt:

$$\mathcal{A}^2_{\Delta ABD} + \mathcal{A}^2_{\Delta BCD} + \mathcal{A}^2_{\Delta ACD} = \tfrac{3}{4}x^4 = \mathcal{A}^2_{\Delta ABC}. \qquad \square$$

Im Unterschied zu dem Spezialfall haben in dem allgemeinen Fall die von dem ‚Koordinatenursprung' (d. h. der Tetraederspitze) ausgehenden Kanten unterschiedliche Längen *x, y, z*. Die Beweisidee bleibt aber dieselbe.

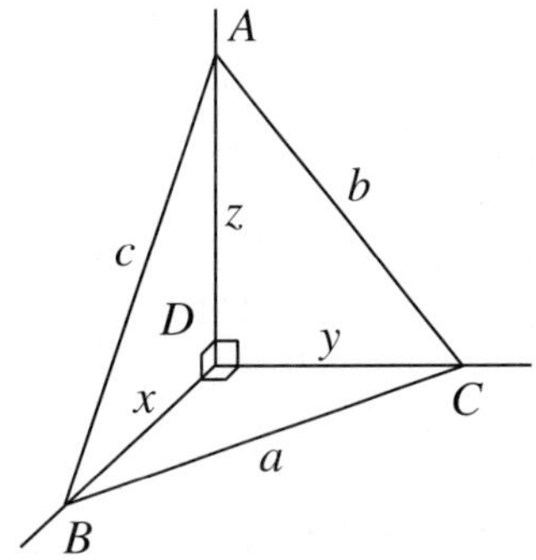

Die Summe der Quadrate der drei Seitenflächen ist:

$$\mathcal{A}^2_{\Delta ABD} + \mathcal{A}^2_{\Delta BCD} + \mathcal{A}^2_{\Delta ACD} = \tfrac{1}{4}(x^2z^2 + x^2y^2 + y^2z^2). \tag{5.3}$$

Für das Quadrat der Fläche des Basisdreiecks erhalten wir auf Grund der heronischen Dreiecksformel

$$\mathcal{A}^2_{\Delta ABC} = s(s-a)(s-b)(s-c) \text{ mit } s = \tfrac{1}{2}(a+b+c). \tag{5.4}$$

Für die Seiten des Basisdreiecks gilt:

$$a = \sqrt{x^2+y^2},\ \ b = \sqrt{y^2+z^2},\ \ c = \sqrt{z^2+x^2}.$$

Diese Terme werden in (5.4) eingesetzt, und nach einigen Umformungen bzw. Rechnungen erkennt man die Gleichheit von (5.3) und (5.4).

Eleganter ist ein Beweis, der bei der Berechnung der Basisdreiecksfläche ohne die heronische Formel auskommt (vgl. auch [16]). Statt dessen bestimmen wir im Basisdreieck *ABC* die Höhe h_a durch die Ecke *A*. Mit h_p wird die Projektion von h_a bezeichnet. Diese ist gleichzeitig im ΔBCD Höhe durch *D*.

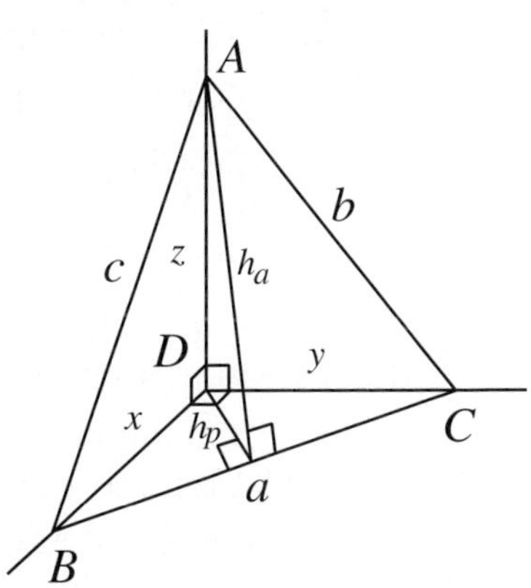

Für die beiden Höhen gilt der Zusammenhang:

$$h_a^2 = h_p^2 + z^2. \tag{5.5}$$

Die Fläche des ΔBCD bestimmen wir jetzt auf zwei verschiedene Arten:

$$\mathcal{A}_{\Delta BCD} = \tfrac{1}{2}xy = \tfrac{1}{2}h_p\sqrt{x^2+y^2}.$$

Daraus folgt:

$$h_p = \frac{xy}{\sqrt{x^2 + y^2}} \tag{5.6}$$

Mit (5.5) und (5.6) erhalten wir:

$$\mathcal{A}^2_{\Delta ABC} = \frac{1}{4}\overline{BC}^2 \cdot h_a^2 = \frac{1}{4}(x^2 + y^2)\left(\frac{x^2y^2}{x^2 + y^2} + z^2\right) = \frac{1}{4}(x^2y^2 + x^2z^2 + y^2z^2).$$

Der Vergleich mit (5.3) liefert die Behauptung. □

5.5.2 Historischer Exkurs

Erste Überlegungen und Ergebnisse zu dem dreidimensionalen Satz des Pythagoras stammen von dem Ulmer Rechenmeister Johannes FAULHABER (1580–1635).

In seiner Schrift *Miracula Arithmetica*, die 1622 in Augsburg erschien, behandelt er „ein Newe Geometrische Inuention, welche auß der Zahl 666 Calculirt und Demonstrirt" wird. Für ihn stellt 666 eine *heilige* Zahl bzw. *Wunderzahl* dar, mit der er sich in anderen Schriften schon eingehend auseinandergesetzt hat (vgl. [28]). Hier lässt sich eine geistige Verwandtschaft zu den Pythagoreern herstellen, für deren Weltanschauung die Zahlenmystik ja grundlegend war. Für Faulhaber steckt noch viel „Unerhörtes" in der Zahl 666, wie er weiter schreibt (zitiert nach [39]):

> „Ich hab mir imaginirt ein Pyramidem oder Tetrahedron Irregulare, welcher an der obern spitzen gegen den drey flachen Figuren allenthalben einen rechten winckel oder 90 Grad hellt, dessen 3 auffrechte seitten jede innsonderheit 666 Puncten begreiffen."

Johannes Faulhaber

Er betrachtet also ein spezielles gleichschenkliges Tetraeder, dessen Kanten von der Basisfläche zur Spitze jeweils 666 Einheiten lang sind. Dann berechnet er ausführlich das Quadrat der Basisfläche mit dem Ergebnis 147 556 443 852 und anschließend „den innhalt der 3 Flechen am auffrechten Kegel". Das Quadrat beträgt jeweils 49 185 481 284. Erstaunt stellt er fest, dass das Dreifache dieser Zahl mit dem obigen Quadrat der Basis übereinstimmt. Seine mystische Verklärung bezüglich der Zahl 666 hindert Faulhaber aber nicht daran zu erkennen, dass sein Ergebnis allgemeiner und nicht von dieser *Wunderzahl* abhängig ist. Denn er schreibt weiter (zitiert nach [39]):

> „Nun hab ich bald im Multiplicieren gemercket, das dises ein General Kunst sein, und solches in allen dergleich Exempeln angehn müsse, auch die sach also in der That Just befunden, dann zu gleicher weiß, wie deß Pythagorae Invention von dem Winckelrechten Triangel Vniuersal, also auch dise in allen dergleichen Kegelflechen General ist.“

Anderer Theil
Der Ingenieurs Schul.
Darinnen Die
Regular Fortification, sampt
den Aussenwercken/durch vnd ohne Rechnung
mit newen Inventionibus ge-
lehrt werden.
Welches nicht allein durch den
Canonem Logarithmicum, sondern auch
durch new Inventierte Instrument, so deutlich vnd klar
für die Augen gestelt wird, daß auch einer gleichsamb oh-
ne Mundlichen Bericht solche Fortifications
Kunst leichtlich begreiffen
kan, rc.
Allen Liebhabern der Mathematischen Kün-
sten zugefallen in Truck gegeben.
Durch;
Johann Faulhabern Ingenieurn vnd
Burgern zu Vlm rc.
Getruckt zu Vlm/ Durch Jonam Saurn/
Anno, M. DC. XXXIII.

In seiner *Ingenieur-Schul/Erster Theyl* (Frankfurt/M. 1630) findet sich eine Aufgabe, in der aus dem gegebenen Quadrat der Grundfläche einer dreiseitigen Pyramide die Länge der als gleich lang vorausgesetzten, aufeinander senkrecht stehenden Seitenkanten berechnet werden soll, und zwar ohne algebraische Hilfsmittel. Zur Lösung dieser Aufgabe gibt Faulhaber folgende Anweisung (zitiert nach [20]):

> „„... In allen dergleichen Pyramidibus thut das quadrat der areae des Basis, eben so viel als die 3 gleiche quadrat des Inhalts der drey auffrechten Flechen sämptlich. Welche Invention Pythagoras zu seiner Zeit nicht gewust.“

Aus der Formulierung der Aufgabe und der Lösungsanweisung geht deutlich hervor, dass Faulhaber nicht an den allgemeinen Fall, sondern nur an das rechtwinklige Tetraeder mit gleich langen Seiten zur Basis dachte. Einen Beweis seiner Feststellung oder einen Hinweis, wie er auf dieses Ergebnis gestoßen ist, sucht man allerdings in seinen Schriften vergeblich. Dies schließt natürlich nicht aus, dass er einen Beweis – zumindest für das gleichschenklig rechtwinklige Tetraeder – kannte. Auch ein Nachweis für das allgemeine rechtwinklige Tetraeder wäre ihm zuzutrauen. Denn er wusste, „wie alle Triangel (sofern nur die drey Seiten bekandt) Punctlich außzurechnen seyen“, d. h. die heronische Formel zur Berechnung von Dreiecksflächen stand ihm zur Verfügung.

Der dreidimensionale Satz des Pythagoras für das rechtwinklige Dreieck mit beliebig langen Seitenkanten findet sich in den *Cogitationes privatae* von René DESCARTES (1596–1650):

> „In tetraedro rectangulo, basis potentia aequalis est potentijs trium facierum simul.“ (In einem rechtwinkligen Tetraeder ist das Quadrat der Grundfläche den zusammengenommenen Quadraten der drei Seitenflächen gleich.)

René Descartes

Vor dem Beweis gibt Descartes zunächst zwei Zahlenbeispiele an, bei denen die drei Seiten der Grundfläche eines rechtwinkligen Tetraeders gegeben sind. Anschließend führt er einen allgemeinen Beweis (vgl. [28]). Die Seitenkanten des Tetraeders werden mit x, y, z bezeichnet, die Grundfläche besitzt die Seiten a, b, c. Dann gilt:

$$x = \sqrt{\frac{1}{2}(a^2 + b^2 - c^2)},$$
$$y = \sqrt{\frac{1}{2}(b^2 + c^2 - a^2)},$$
$$z = \sqrt{\frac{1}{2}(a^2 + c^2 - b^2)}.$$

Damit erhalten wir für die Seitenflächen (rechtwinklige Dreiecke!):

$$\mathcal{A}_1 = \frac{1}{2}xy = \frac{1}{4}\sqrt{b^4 - a^4 - c^4 + 2a^2c^2},$$
$$\mathcal{A}_2 = \frac{1}{2}yz = \frac{1}{4}\sqrt{c^4 - a^4 - b^4 + 2a^2b^2},$$
$$\mathcal{A}_3 = \frac{1}{2}xz = \frac{1}{4}\sqrt{a^4 - b^4 - c^4 + 2b^2c^2}.$$

Die Summe der Quadrate ergibt:

$$\mathcal{A}_1^2 + \mathcal{A}_2^2 + \mathcal{A}_3^2 = \frac{1}{8}(a^2b^2 + a^2c^2 + b^2c^2) - \frac{1}{16}(a^4 + b^4 + c^4).$$

Dies ist gleich dem mit Hilfe der heronischen Formel berechneten Quadrat der Grundfläche.

Descartes weist auch auf die Verallgemeinerung für vier Dimensionen hin (vgl. [28]):

> „... er [= der pythagoreische Lehrsatz] läßt sich auch auf den Fall von vier Dimensionen erweitern; hierbei ist das Quadrat des dem rechten Winkel gegenüberliegenden Körpers gleich den zusammengenommenen Quadraten der vier anderen Körper."

Ganz unabhängig von Faulhaber dürfte Descartes wohl nicht zu diesen Ergebnissen gelangt sein. Von 1618 bis 1623 hielt er sich in Schwaben auf und im Winter 1619/20 hatte er in Ulm (möglicherweise) Kontakt mit Faulhaber. Bei dieser Gelegenheit könnte er von dessen „Newen Geometrischen Inuention" erfahren haben und diese auf seine geniale Art verallgemeinert sowie einen Beweis geführt haben. Denn unter dem oben genannten Titel *Cogitationes privatae* wurden undatierte Aufzeichnungen Descartes' veröffentlicht, die auf die Jahre 1619–1621 zurückgehen. Ob dieser wissenschaftliche Austausch zwischen Faulhaber und Descartes aber wirklich stattgefunden hat, lässt sich allerdings nicht sicher belegen. Vielleicht war Descartes sogar für kurze Zeit Faulhabers Schüler? (Vgl. dazu Kapitel 9 in [28].) Alle Zweifel über die persönliche Begegnung dieser beiden ignorierend, hält sich eine Anekdote, nach der Faulhaber so über die Genialität Descartes' erstaunt war, dass er ihn mit der Hand betastete, um sich zu überzeugen, dass Descartes wirklich ein Mensch und kein Engel sei.

Ausblick

Pythagoras – und kein Ende. Dieser Titel des vorliegenden Buches deutet schon an, was Ihnen als Leserin bzw. als Leser bei der Lektüre inzwischen sicherlich aufgefallen ist: Ein Buch muss zwangsläufig irgendwann zum Ende kommen, der Umfang ist aus unterschiedlichen Gründen begrenzt. Dies muss aber keinesfalls bedeuten, dass die angesprochene Thematik erschöpfend behandelt worden ist. Diese Situation liegt hier vor.

Wenn Sie zurückblättern und die Inhalte nochmals überdenken, stellen Sie fest, dass zwischen den Zeilen oftmals mathematische Überlegungen bzw. Anregungen zu finden sind, die nicht explizit ausgeführt wurden. Das geschah aus gutem Grund: Das vorliegende Buch will kein „übliches" Mathematikbuch sein. Mathematik – und dies gilt insbesondere für die in der Schule behandelten Inhalte – genießt bei Nichtmathematikern den zweifelhaften Ruf, etwas mit Mühsal, Drill und Rechentechniken zu tun zu haben. Dass Mathematik interessant, ja sogar spannend und kulturgeschichtlich bedeutsam ist, geht im Alltagsgeschäft des Unterrichtens leider viel zu oft unter. Wir bekommen in der Schule ein Gefühl für die Schönheit von Malerei, Kunst und Literatur vermittelt (hoffentlich!), wer aber zeigt uns die Schönheit in der Mathematik? Es gibt eine Vielzahl ästhetischer Aspekte der Mathematik, die Nichtmathematiker entdecken und empfinden können, so wie man sich als künstlerischer bzw. musikalischer Laie an einem Gemälde van Goghs oder an einer Sinfonie Beethovens erfreuen kann. Auch für eine solche Sichtweise möchte dieses Buch einen Beitrag leisten, es möchte Augen und Bewusstsein öffnen und schärfen. Denn der Nützlichkeitsaspekt oder „Brauchwert" der Mathematik ist nur eine Sichtweise, die zwar wichtig ist, aber längst nicht einen Mathematikunterricht in dem bei uns praktizierten Umfang rechtfertigt. Der Bildungswert dieses Faches ist weit umfassender. Wie wäre es sonst zu erklären, dass die Mathematik unsere gesamte Kulturgeschichte durchzieht?

Kehren wir von diesen allgemeineren Betrachtungen nochmals zurück zu Pythagoras. Was können wir zu diesem Thema noch erwarten? Hierzu möchte ich einen Ausblick in Form von Gedankensplittern geben, der allerdings – wie bei diesem weiten Themenfeld nicht anders zu erwarten – unvollständig bleiben muss. Eine Vielzahl pythagoreischer Episoden, z.B. über figurierte, befreundete und vollkommene Zahlen, kommen mir in den Sinn. Auch ein multikultureller Pythagoras kann sich sehen lassen und über pythagoreische Gewächse können wir das Land der Fraktale betreten.

Ebenso verdient das gewaltige Erdbeben in der antiken Mathematik, das die Entdeckung der Irrationalität durch den Pythagoreer HIPPASOS VON METAPONT auslöste, eine intensive Betrachtung. Natürlich kannte man damals den Begriff *Irrationalität* noch nicht. Hippasos zeigte, dass es Strecken gibt, die kein gemeinsames Maß besitzen, also inkommensurabel sind. Mit dieser Erkenntnis brach die Grundlage der pythagoreischen Lehre, alles sei Zahl, in sich zusammen. Denn unter Zahl verstanden die Pythagoreer lediglich die natürlichen Zahlen und deren Verhältnisse, d.h. Quotienten natürlicher Zahlen. Das Pikante und zugleich Fatale an dieser Geschichte ist, dass Hippasos seine Entdeckung gerade am „Vereinsabzeichen" der Pythagoreer, dem Pentagramm bzw. dem umschließenden regulären Fünfeck machte. Dass die Diagonalen des regulären Fünfecks nicht durch den damaligen Zahlbegriff exakt erfassbar waren, dass sie aber als Strecken existierten, hatte weitreichende Folgen für die Entwicklung der griechischen Mathematik. Man wandte sich ab von der Lehre der Zahlen und betrieb Geometrie.

Die Umkehrung des Lehrsatzes des Pythagoras führt uns zu den sog. pythagoreischen Zahlentripeln (z.B. 3, 4, 5). Davon ausgehend gelangen wir, der problemgeschichtlichen Entwicklung folgend, zu dem Hauptergebnis der letzten Jahre bzw. Jahrzehnte in der Mathematik, dem Nachweis der sog. *Fermat'schen Vermutung*. Der Engländer Andrew WILES schloss 1993 die langwierige Suche nach dem *heiligen Gral der Mathematik* erfolgreich ab.

Und die Ursache für alle diese Betrachtungen bzw. Überlegungen ist der Lehrsatz des Pythagoras. Nicht zu Unrecht hat man diesem Lehrsatz auch den Namen *Magister Matheseos* gegeben, wie man in Christian Wolffs *Mathematischem Lexikon* aus dem Jahr 1716 nachlesen kann.

Interessant ist auch eine pythagoreische Spurensuche in der Literatur. Bei berühmten und weniger berühmten Autoren werden wir fündig. Nennen wir nur einige bedeutende Namen um Appetit zu machen: Goethe, Schiller, Shakespeare, Lenz, Heine, Dürrenmatt.

Ich hoffe, liebe Leserin, lieber Leser, Sie sind neugierig geblieben und die Thematik lässt Sie nicht mehr los. Vielleicht hat es der Pythagoras geschafft, dass Sie jetzt die Mathematik mit anderen Augen sehen!

[1] Artmann, B.: Der Satz von Pythagoras als Paradigma für Mathematik. Mathematik in der Schule 32, 1994, S. 343-358
[2] Artmann, B.: Hans Christian Andersen und Pythagoras. MNU 49, 1996, S. 463-464
[3] Baltzer, E.: Pythagoras, der Weise von Samos. Nachdruck: Sändig, Wiesbaden 1973
[4] Baptist, P.: Längenstimmung von Dreieckstransversalen. Didaktik der Mathematik 13, 1985, S. 306-315
[5] Barth, F., Federle, R., Haller, R.: Algebra 1. Ehrenwirth, München 1993⁴
[6] Beutelspacher, A. u. Petri, B.: Der Goldene Schnitt. Spektrum, Heidelberg – Berlin – Oxford 1996²
[7] Beutelspacher, A.: Das ist o.B.d.A. trivial. Vieweg, Braunschweig/Wiesbaden 1992²
[8] Bretschneider, C. A.: Die Geometrie und die Geometer vor Euklides. Teubner, Leipzig 1870. Neudruck: Sändig, Wiesbaden 1968
[9] Clairaut, A.-C.: Anfangsgründe der Geometrie. Deutsche Übersetzung von F. I. Bierling, Hamburg 1753
[10] Dallmann, P.: Dorothea von Schlözer und die Mathematik. Praxis der Mathematik 13, 1971, S. 266-268
[11] Diogenes Laertius: Leben und Meinungen berühmter Philosophen. Übersetzt von O. Apelt, Meiner, Hamburg 1967²
[12] Dunham, W.: The Mathematical Universe. John Wiley, New York etc. 1994
[13] Euklid: Die Elemente. Herausgegeben von C. Thaer. Wissenschaftliche Buchgesellschaft, Darmstadt 1991⁸
[14] Feyl, R.: Der lautlose Aufbruch. Frauen in der Wissenschaft. Kiepenheuer & Witsch, Köln 1994
[15] Fichtner, R.: Die verborgene Geometrie in Raffaels „Schule von Athen". R. Oldenbourg, München 1984
[16] Fritsch, R.: Vorschläge für Raumgeometrie in der Mittelstufe. MNU 39, 1986, S. 339-348
[17] Gericke, H.: Mathematik in der Antike und Orient. Fourier, Wiesbaden 1992
[18] Gibbs-Smith, C.: Die Erfindungen von Leonardo da Vinci. Belser, Stuttgart – Zürich 1988⁵
[19] Goetz, D.: Georg Christoph Lichtenberg. Teubner, Leipzig 1984²
[20] Hawlitschek, K.: Der Archimedes der Stadt Ulm. Praxis der Mathematik 22, 1980, S. 117-120
[21] Heuser, H.: Pythagoreische Mathematik und Naturwissenschaft: Ursprünge und Folgen. In: Jahrbuch Überblicke Mathematik 1995, Vieweg, Braunschweig – Wiesbaden 1995
[22] Hoffmann. J. J. I.: Der Pythagorische Lehrsatz. Mainz 1821²
[23] Iamblichos: Pythagoras. Legende – Lehre – Lebensgestaltung. Herausgegeben und übersetzt von M. v. Albrecht, Artemis, Zürich und Stuttgart 1963
[24] Itard, J.: Alexis-Claude Clairaut. In: DSB 3, New York 1981, S. 281-286
[25] Loomis, E. S.: The Pythagorean Proposition. NCTM Classics, Washington D. C. 1972²
[26] Perigal, H.: On Geometric Dissections and Transformations. Messenger of Mathematics, Bd. 2, 1873, S. 103-106
[27] Sander, H.-J.: Die Lehrbücher „Eléments de Géométrie" und „Eléments d'Algèbre" von Alexis-Claude Clairaut. Dissertation, Dortmund 1982
[28] Schneider, I.: Johannes Faulhaber, Rechenmeister in einer Welt des Umbruchs. Birkhäuser, Basel-Boston-Berlin 1993
[29] Schopenhauer, A.: Über die vierfache Wurzel des Satzes vom zureichenden Grunde, 1847 (Zweite, sehr verbesserte Auflage der Dissertation aus dem Jahr 1813). In: Arthur Schopenhauers Werke in fünf Bänden (Hrsg.: L. Lütkehaus), Bd. III, Kleinere Schriften, Haffmans, Zürich 1991
[30] Schopenhauer, A.: Die Welt als Wille und Vorstellung, Bd. 1-2. In: Arthur Schopenhauers Werke in fünf Bänden (Hrsg.: L. Lütkehaus), Bd. I und II, Haffmans, Zürich 1991
[31] Schroeder, M.: Fractals, Chaos, Power Laws. Freeman, New York 1991
[32] Szabo, A.: Entfaltung der griechischen Mathematik. BI-Wissenschaftsvlg. Mannheim – Leipzig – Wien – Zürich 1994
[33] Teichmann, J.: Wandel des Weltbildes. Teubner, Stuttgart – Leipzig 1996³
[34] Tillgner, A. E.: Pythagoras, Drama in 5 Aufzügen. Frankfurt a. M. 1947
[35] Toomer, G. J.: Lost Greek Works in Arabic Translations. The Mathematical Intelligencer, vol. 6, no. 2, 1984, S. 32-38
[36] van der Waerden, B. L.: Erwachende Wissenschaft. Birkhäuser, Basel und Stuttgart 1966²
[37] van der Waerden, B. L.: Die Pythagoreer. Artemis, Zürich – München 1979
[38] Waschkies, H.-J.: Symmetrie als Begründungsprinzip in der vorgriechischen und griechischen Geometrie. In: Döring, K. und Wöhrle, G. (Hrsg.): Antike Wissenschaft und Rezeption, Bd. II, Collibri, Bamberg 1992
[39] Wieleitner, H.: Aus der Forschung: Der räumliche pythagoreische Lehrsatz. ZmnU 49, 1918, S. 321-322
[40] Winter, H.: Entdeckendes Lernen im Mathematikunterricht. Vieweg, Braunschweig 1991²
[41] Zhmud, L.: Pythagoras as a Mathematician. Historia Mathematica 16, 1989, S. 249-268
[42] Ziegenbalg, J.: Algorithmen. Spektum, Heidelberg – Berlin – Oxford 1996

ZUSÄTZLICHE, SEHR EMPFEHLENSWERTE LITERATUR ZUM THEMA:

Fraedrich, A. M.: Die Satzgruppe des Pythagoras. BI-Wissenschaftsverlag, Mannheim – Leipzig – Wien – Zürich 1994
Heuser, H.: Als die Götter lachen lernten. Piper, München – Zürich 1996²